AF401427

ART
DE RÉDUIRE
LE FER EN FIL
CONNU SOUS LE NOM
DE FIL D'ARCHAL.

Par M. Duhamel du Monceau.

M. DCC. LXVIII.

ART
DE RÉDUIRE
LE FER EN FIL
CONNU SOUS LE NOM DE *FIL D'ARCHAL.*

Par M. Duhamel du Monceau.

LE FER eſt un métal fort ductile ; quoiqu'il ne le ſoit pas autant que l'or, l'argent, le cuivre, &c, il a la propriété de s'amollir dans le feu, & alors on l'étend aiſément ſous le marteau. On peut même le contraindre à entrer dans le creux d'un moule. Il eſt bien moins ductile lorſqu'il eſt froid ; cependant il ne laiſſe pas d'être ſuſceptible de prendre une extenſion aſſez conſidérable : à meſure que l'on comprime ſes parties, il ſe durcit & s'aigrit, ou, en termes d'Art, *il s'écrouit ;* mais on lui rend ſa ſoupleſſe, en lui faiſant éprouver un certain degré de chaleur, ce qu'on appelle *recuire.* Toutes ces choſes ſe remarquent dans beaucoup d'Arts, mais particuliérement dans celui du Serrurier : il s'agit dans celui que nous nous propoſons de décrire, de profiter de la ductilité du fer à froid, pour qu'en le contraignant de paſſer par des trous de différents diametres, il devienne un fil plus ou moins fin. On trouve à Paris, chez les Marchands de fer, du fil de fer de toutes groſſeurs en augmentant depuis le plus petit échantillon qu'on appelle *Manicordion,* avec lequel on fait une partie des cordes de Claveſſins, Pſaltérions, & autres inſtruments de muſique, juſqu'à celui d'environ 6 lignes de circonférence qui eſt employé par les Chauderonniers pour border leurs Ouvrages (excepté cependant ceux de Paris, auxquels il eſt defendu de border ſur du fer). On en fait pour les Serruriers de 4 à 5 lignes de diametre ; mais pour parvenir à réduire ainſi le fer en fil, il faut lui faire ſubir différentes opérations que nous allons expliquer *.

* Je n'ai trouvé dans le Dépôt de l'Académie que deux Planches gravées & quelques Deſſeins. Heureuſement ayant autrefois examiné des Tréfileries auprès de la Trappe, j'avois conſervé des Mémoires qui m'ont été utiles: & après avoir fait l'Art, je l'ai fait paſſer ſous les yeux de M. Magné de la Londe, Receveur des bois de la Maîtriſe de Beleſme, qui fait convertir beaucoup de fer en fil d'archal dans les Tréfileries du Perche, ce qui m'a mis en état de joindre à mon Mémoire pluſieurs Articles intéreſſants.

Il faut que le fer paſſe par quatre différents atteliers, quand on veut le réduire en fil très-fin.

1°, On commence par choiſir un fer qui ſoit aſſez ductile pour s'étendre en fil ſans ſe rompre. 2°, On refend ou bien on forge le fer pour le réduire à une groſſeur qui permette de le paſſer par les plus grands trous des filieres. L'Attelier où le fer reçoit cette préparation, ſe nomme *l'Allemanderie*. 3°, On le paſſe à la filiere juſqu'à ce qu'il ſoit réduit à une certaine groſſeur. Cette opération appartient à la Tréfilerie, & c'eſt l'eau qui la fait agir. 4°, Quand on veut que le fil ſoit très-fin, on le paſſe, à force de bras, par des filieres plus déliées ; c'eſt le travail des *Agreyeurs*, ou même des Tireurs à la bobine, quand le fil doit être très-fin.

ARTICLE PREMIER.
Du choix du Fer.

LE choix du fer eſt un article très-important. Il paroîtroit d'abord qu'on devroit donner la préférence au plus doux, parce que ce fer devant s'étendre beaucoup à froid, il eſt néceſſaire qu'il ſoit très-ductile : cependant il y a des fers doux qui ſont pailleux, qui ont des grains, & dont les parties ne ſont pas bien liées les unes aux autres ; ceux-là ſont ſujets à ſe rompre. Ainſi la douceur du fer n'eſt pas toujours d'accord avec ſa ductilité. D'un autre côté, il y a des fers durs & de bonne qualité qui étant chauffés à propos, beaucoup maniés, & étirés ſous le marteau, prennent du nerf, & deviennent capables d'une grande extenſion. Au reſte, l'adreſſe du Tréfileur peut le mettre en état de tirer un bon parti des fers qu'il doit employer ; cette adreſſe conſiſte, ſi ce ſont des fers mous, à arranger la tenaille de façon qu'elle ne tire qu'une petite longueur de fil à la fois ; en répétant ainſi les tirées, le fil en ſouffre moins. Lorſque le fer eſt très-doux & mou, la ſeule tenſion peut l'alonger avant que de paſſer dans la filiere, & l'affoiblir au point de le faire rompre ; mais le Tréfileur intelligent ſait ménager cette matiere fort tendre en la faiſant paſſer par un plus grand nombre de trous, afin qu'elle n'éprouve à chaque fois que peu de réſiſtance. Si le fer eſt dur & caſſant, on lui donne du nerf en le forgeant dans l'Allemanderie ; & s'il eſt eſſentiellement de bonne qualité, il devient de plus en plus ductile en paſſant dans les trous de la filiere.

Au reſte il me paroît que, ſuivant l'uſage qu'on veut faire du fil qu'on tire, il convient de choiſir du fer dur, ou du fer mou. Si l'on deſtine le fil de fer à faire des conduites de ſonnettes, ou des treillages, ou certaines chaînes, comme nous l'avons expliqué dans l'Art de l'Epinglier, ce fil ne peut pas être trop mou ; mais ſi l'on veut en faire du clou d'épingle, ou des épingles, ou des broches pour tricoter, ou des hameçons, ou des cardes, il eft bon qu'il foit dur & élaftique. On prétend de plus que ce fer prend mieux le blanchiment d'étain, & qu'il le conferve mieux. C'eft pourquoi on dit qu'à l'Aigle on donne la préférence au fil de Normandie, pendant que pour d'autres Ouvrages, & particuliérement pour les treillages, on préfére celui d'Allemagne & d'Alface : bien entendu qu'il faut que les différentes efpeces de fer qu'on emploie ayent été bien chauffées, forgées, & étirées dans l'Allemanderie, pour qu'il n'ait ni pailles, ni criffures, ni grains; & c'eft à ce point que fe réduit communément l'attention des Tréfileurs qui fe contentent de choifir le meilleur fer des forges qui font dans leur voifinage : par exemple, les Tréfileurs de Normandie emploient le fer qu'on fait aux environs de Conches, & de même des autres.

Quand on tire du fil d'acier, c'eft ordinairement celui de Hongrie qu'on achete en barres, & qu'on forge, comme nous l'expliquerons dans la fuite.

ARTICLE II.

De l'Allemanderie.

J'AI vû auprès de la Trappe trois Tréfileries, où l'on fe fervoit de fer plat de 21 à 22 lignes de largeur, & de 6 à 7 lignes d'épaiffeur, qu'on fendoit en trois avec des cifeaux ou tranches; ces tringles qui avoient environ 3 pieds de longueur, fe nommoient *Catons* : enfuite on les forgeoit à bras fur une enclume pour les réduire à 3 ou 4 lignes de groffeur, & les mettre de calibre à paffer par les filieres ; par cette manœuvre, les catons acquierent 12 pieds de long. Cette pratique eft fans contredit la meilleure de toutes ; le fer étiré à petits coups de marteau prend du nerf, & acquiert de la qualité : mais elle occafionne beaucoup de main-d'œuvre, & une grande confommation de charbon. C'eft pour ces raifons qu'elle n'eft gueres en ufage dans les Tréfileries.

Affez fouvent on tire des fenderies le fer en verge, & on fe contente de l'arrondir un peu fous le petit marteau des Allemanderies ; mais il eft beaucoup mieux de faire venir des groffes forges, où l'on fait que le fer eft de bonne qualité, du fer quarré en barres de la groffeur du carrillon de 10 à 12 lignes quarrées. On le forge dans les Allemanderies, comme je l'expliquerai, pour le réduire à la groffeur du doigt, afin qu'il puiffe paffer dans les filieres.

Ceux qui prennent des verges refendues ont l'avantage que ces verges approchent beaucoup de la groffeur du fer qu'on doit travailler dans les Tréfileries ; mais il n'eft propre qu'à faire du gros fil de fer pour les Serruriers & les Chauderonniers, & il eft beaucoup mieux d'employer du fer en barres, fur-tout quand on fe propofe de faire du fil fin. En voici la raifon : pour faire du fil fin, il faut du fer très-ductile, & qui ait de longues fibres ; or en étirant le fer en barres fous les gros marteaux des Allemanderies , on lui donne cette qualité ; le fer prend du nerf par les coups de marteau qu'on lui donne pour changer les barres en ce qu'on appelle *des forgis*, qui font des verges longues & menues , au lieu que les fibres font raccourcies par les couteaux de la fenderie qui ne fuivent pas réguliérement les inflexions que les fibres ont prifes , lorfqu'on a étiré le fer fous le gros marteau ; c'eft pour cette raifon qu'on réduit en forgis , ou qu'on travaille encore dans les Allemanderies le fer qu'on deftine à être tiré en fil fin.

Je ne dis pas que dans quelques Fabriques on ne tire des groffes forges les forgis tout prêts à être travaillés dans les Tréfileries ; mais le fer étiré comme nous le difons , eft meilleur , & dans les Allemanderies on apporte plus d'attention à fouder les endroits où il y a des pailles.

Les Allemanderies font affez femblables aux petites forges où l'on fait le carrillon. Une roue à aube *A*, (*Pl. I. Fig.* 1 & 2) mue par l'eau, fait tourner un gros arbre *B*, qui fait feize tours par minute ; il eft renflé en deux endroits de fa longueur en forme de tambour *C & D* : ces tambours portent les cames *Q*, qui font lever le gros & le petit marteau *E & F*, (*Fig.* 1. 2 , & 4). Celles du petit marteau font de fer acéré ; celles qui font agir le gros font fouvent de bois dur ([a]). Mais ces marteaux frappent avec des vîteffes très-différentes ; car le petit eft relevé à chaque tour de l'arbre par 16 cames ; ainfi à chaque tour de la roue il frappe 16 coups, & 256 coups par minute ([b]), au lieu que le gros marteau n'étant relevé que par 8 cames n'en donne que huit à chaque, & 128 par minute.

Le gros marteau qui eft de fer fondu pefe 100 liv. Il ne fert qu'à reffouder les barres qui fe rompent , & à rétablir les Outils. Il n'y a que le petit qui travaille pour faire les forgis ; il eft de fer acéré , & pefe 45 liv.

On conçoit, fans qu'il foit befoin de le dire , que ces barres fe forgent à chaud ; c'eft pourquoi, il y a auprès des martinets une Forge *G* , (*Fig.* 2) qui fuffit avec un Forgeron pour faire les chaudes , & fournir le fer en état d'être forgé au Forgeron qui fait les forgis.

Le Chauffeur doit être habile & attentif à bien conduire fon feu, pour que la chaleur pénetre jufqu'au centre du fer qui a 12 à 14 lignes de gros, & faire en forte que la fuperficie ne foit point brûlée ; les mauvais Chauffeurs occafionnent des déchets confidérables.

On prend des bouts de fer de carrillon , tel qu'il vient des forges ; le Chauffeur en fait rougir à la forge 6 à 8 pouces de longueur , & il donne cette barre au Forgeron, qui la fait paffer fur l'enclume *E* , & fous le mar-

---

([a]) M. de la Londe a fait faire les cames du gros marteau d'acier, & s'il y a 16 cames au petit, il en a mis 8 au gros marteau ; s'il y en a 20 au petit, il en a mis 10 au gros.

([b]) M. de la Londe dit que fon gros marteau frappe 350 coups par minute , & qu'il pefe 150 liv.

tinet *E*, en le tournant d'un mouvement égal & très-prompt ; en même-temps il l'avance, & le recule, pour que le fer soit étiré & alongé dans toute la partie qui a été suffisamment chauffée, évitant de laisser frapper deux coups de marteau de suite sur le même endroit, qui seroit immanquablement coupé. Un bout de barre d'un pied de longueur acquiert 6 ou 8 pieds suivant la grosseur du carrillon *, & en cet état on le nomme *du Fer forgis*, *L* (*Pl. II*, *Fig.* 14). Un bon Ouvrier peut forger 200 liv. de fer par jour ; mais on compte ordinairement sur 150 liv.

Ce travail exige une adresse qu'on ne peut acquérir que par un long exercice ; le marteau *E* frappant avec beaucoup de vîtesse, l'Ouvrier doit être continuellement occupé à retourner sa barre, & à l'avancer à mesure qu'elle s'alonge.

Il est assis sur une planche *M* (*Planches I* & *II*, *Fig.* 2 & 15) qui lui fournit un siege mobile qu'il peut approcher ou éloigner de l'enclume avec ses pieds, & sans le secours de ses mains, qui sont occupées à tenir la barre.

Ce siege est une planche *M*, dont un bout *N* est retenu par un crochet & un anneau qui permettent à la planche de décrire horizontalement un mouvement circulaire : la même planche est de plus soutenue vers les deux tiers de sa longueur, par une chaîne de fer *O* (*Fig.* 15) attachée au plancher, ou à quelque traverse de la charpente.

Au moyen de ce siege mobile, le Forgeur se place à la hauteur qui lui convient relativement à celle de l'enclume, & il peut s'en approcher & s'en éloigner suivant que les circonstances l'exigent.

Il y a dans les Allemanderies une gouttiere de fer *P* (*Fig.* 2 & 15) qu'on ne voit point dans les Forges ordinaires ; on la nomme *Dalle*. Un de ses bouts est à la hauteur de la table de l'enclume ; elle sert à recevoir la partie de la barre qui a été réduite en forgis pour la maintenir droite, ou l'empêcher au moins de devenir très-courbe.

Pendant que l'Ouvrier qui travaille au martinet fait un forgis, le Chauffeur conduit le feu de la forge, afin qu'aussi-tôt que la partie de la barre sera étirée, le Forgeron en reçoive une autre du Chauffeur à qui il remet celle qu'il vient de travailler, pour que le Chauffeur la rédresse avec un marteau à main sur l'enclume *R* (*Pl. I*, *Fig.* 2). Car les barres qui sortent de dessous le martinet ne sont jamais bien droites. Il mouille la partie qui a été travaillée, pour qu'elle chauffe moins que le reste.

Si le Chauffeur apperçoit quelques pailles ou quelques cassures dans le fer forgis, il fait chauffer cet endroit presque fondant, & il le forge sous le gros marteau *F* (*Fig.* 2 & 15) pour souder cette partie ; c'est presque la seule occasion où l'on se serve de ce gros marteau.

---

* On voit dans les Figures un échantillon du carrillon, *Figure* 4.

FIL D'ARCHAL.   B

Suivant le rapport des Ouvriers, on perd 32 ou 33 liv. pour cent en réduifant les barres en fer forgis, ce qui fait près d'un tiers ; mais on m'a affuré que le déchet, pour réduire les barres en fer forgis, n'eft que de 26 pour cent, & que 108 liv. de fer produifent 75 liv. de fil de fer *ébroudi*. On m'a affuré auffi que dans une Allemanderie où l'eau ne manque pas, deux Ouvriers font 80 douzaines de fer forgis par femaine : la douzaine de forgis pefe 12 livres, d'où il fuit que deux hommes travailleroient par femaine 960 liv. de fer ; mais à caufe des Fêtes & des autres chommages, le travail ne fournit, du fort au foible par femaine dans une année, que 50 douzaines qui pefent 625 liv. ([a])

Les cames Q (*Pl. I*, *Fig.* 1 & 2) du petit marteau font de fer acéré, & affujetties par des coins de bois. Celles du gros marteau font de bois dur, ou, comme nous l'avons dit, d'acier.

Les marteaux font retenus dans leur manche par des liens de fer, & des coins de bois S (*Fig.* 10 & 13) ; ils frappent de leur largeur fur une plaque de fer.

Chaque came fait baiffer la queue du marteau, dont le poids la fait relever ; ainfi c'eft le poids du marteau qui détermine la force du coup. Les manches des marteaux paffent entre les pieds-droits T (*Fig.* 15) ; ils font fufpendus fur deux pivots d'acier V (*Fig.* 10 & 13) qui fervent d'aiffieu à une *heufe* de fer de loupe, fortifiée par un fort lien qu'on ferre avec des coins de bois frappés tout autour du manche. Les tourillons repofent fur des couffinets de fer fondu, ou encore mieux de fonte ; & pour arrêter les martinets, on met deffous leur manche un morceau de bois X (*Pl. I*, *Fig.* 4) pofé verticalement, qu'on ôte par un coup de maillet, quand on veut que les marteaux recommencent à travailler.

L'Enclume R (*Pl. I*, *Fig.* 2) qui eft auprès de la forge, fert à raccommoder les marteaux, & les enclumes des martinets, ou à redreffer les forgis. Et ce travail fe fait ordinairement avec un marteau à main.

Il y a au bout de l'arbre une manivelle Y (*Pl. I & II*, *Fig.* 2 & 15) qui fert à faire agir les foufflets ([b]).

On fait encore dans les Allemanderies des forgis avec du fer fendu par les couteaux. Ces forgis qui coûtent moins que ceux pris dans des barres, fervent à faire de gros fil de fer ; mais pour le fin, il eft bon que le fer ait été étiré, comme nous l'avons expliqué.

On m'a affuré que dans quelques fenderies on faifoit du fil de fer gros comme le bout du doigt fans le paffer par la filiere ; je n'ai point

([a]) Suivant M. de la Londe, la douzaine de forgis doit être de 13 livres & demie qui rendent en ébroudi 12 livres & demie, & en engreflés 12.

([b]) M. de la Londe fait mouvoir fon foufflet par une efpece de marche femblable à celles des tifferands, qu'une came attachée à l'arbre fait mouvoir en appuyant deffus.

vu de ces établissements ; je sais qu'on en fait de cette grosseur à la filiere : mais voici l'idée qu'on m'en a donné.

Quand on a fendu le fer en verges plus ou moins épaisses suivant la grosseur du fil qu'on se propose de faire, pour arrondir & alonger ces verges, on se sert de deux rouleaux de fer placés l'un sur l'autre, comme ceux des applatisseries ; mais sur la circonférence de chacun de ces rouleaux, il y a une ou plusieurs cannelures creusées dans leur épaisseur ; elles forment une gouttiere qui enveloppe chacun des rouleaux ; ces cannelures sont d'une largeur & d'une profondeur égale, & elles sont posées bien exactement l'une sur l'autre, de telle sorte que ces deux cannelures forment ensemble le moule dans lequel la verge doit s'arrondir ; si en passant dans ces cannelures, elles ne sont pas bien arrondies, comme cela arrive ordinairement, on les fait passer par une troisieme ; mais comme il reste nécessairement un petit intervalle entre ces deux rouleaux, il y a toujours des bavures à ce gros fil ; & si l'on vouloit l'avoir bien rond, il faudroit le faire passer par deux ou trois trous de filiere.

J'ai déja averti que je n'avois point vu faire du gros fil d'archal de cette façon, & que je ne parlois que sur le rapport qu'on m'en a fait.

J'ai seulement vu à Essonne près Corbeil une Machine à peu près semblable, très-bien exécutée par un Maître Serrurier de Paris, nommé Chopitel ; il s'en servoit pour calibrer des tringles rondes de différentes grosseurs, ainsi que des plates-bandes chargées de moulures très-exactement travaillées.

On fait rougir dans des fours les verges qu'on veut passer entre les cylindres.

Pour disposer les forgis à passer par la filiere, on les recuit couleur de cerise sur un feu de braise ou de charbon qui a 12 pieds & plus de longueur ; puis on le donne à l'Ecoteur, qui le graisse avec du lard, du beurre, du suif, ou de l'huile ; & en le passant 3 ou 4 fois par les trous de la filiere qui diminuent toujours un peu de diametre, il en fait ce qu'on nomme du *Roulage*. Comme il s'est écroui & durci dans cette opération, on le recuit, & l'Ecoteur le passe dans trois trous de filiere. On recuit encore l'écotage, puis le Tréfileur le passe dans trois trous de filiere, & alors on le nomme *Ebroudage* ; quand on l'a recuit & passé par trois autres trous, on l'appelle *Ebroudi*. Voilà une idée générale de tout le travail ; mais il faut entrer dans les détails.

ARTICLE III.

Defcription des Tréfileries où l'on tire le Fer forgis.

Nous avons expliqué ce que c'eft que le fer forgis ; ainfi l'on fait que ce font des verges de fer rondes groffes comme le petit doigt qu'on a étirées & forgées fous les gros marteaux pour les difpofer à être étendues & arrondies, en paffant par les filieres ; c'eft ce dernier travail qu'on fait dans les Atteliers nommés *Tréfileries*, peut-être parce qu'on a coutume d'y tirer à la fois trois fils. J'ignore pourquoi on s'eft fixé au nombre de trois.

Peut-être auffi le terme de *Tréfilerie* vient-il de *traire*. Car on dit *du fil trait*, ou bien le terme de *trait* vient-il de ce que le fil a été tiré dans les Tréfileries.

Dans ces Atteliers, le fil engagé dans la filiere, eft faifi par une pince qui en s'éloignant de la filiere, force une certaine longueur de fil à paffer par le trou de la filiere ; la pince auffi-tôt fe rapproche de la filiere, elle faifit de nouveau le fil, elle s'éloigne ; & continuant ces mêmes mouvements, elle fait paffer toute la longueur du fil par la filiere, & fucceffivement, par des trous de plus en plus petits, ce qui alonge, arrondit & polit le fil : tout cela s'exécute par une Machine affez fimple, mais très-ingénieufement imaginée, qui reçoit fes mouvements d'un courant d'eau, & d'une roue à aube *A* & *a* dans la Vignette, *Pl. III*, pareille à celle des Moulins à moudre les Grains. Il eft fenfible que la grandeur de cette roue varie fuivant la chûte de l'eau, & la quantité d'eau dont on peut difpofer.

Cette roue a pour axe un gros arbre horizontal qui porte des cames *B C*, à peu près femblables à celles qui font agir les gros marteaux dans les Forges, ou dans l'Attelier où l'on fait les forgis. Comme ordinairement il y a trois tenailles dans les Tréfileries, il y a fur l'arbre trois rangs de cames *b, c, d,* (*Vignette*,) éloignées les unes des autres de plufieurs pieds, & ces cames font pofées fur un même cercle qui entoure l'arbre ; la premiere tenaille devant faire paffer les forgis par la filiere, elle a befoin d'être plus forte que la feconde, & celle-ci eft plus forte que la troifieme.

Pour faire agir la premiere tenaille *Figure 2*, il n'y a fur la circonférence de l'arbre que trois cames qui font à des diftances égales l'une de l'autre ; il y a de même trois cames *c, c, c* (*Vignette*), pour faire agir la feconde tenaille, & il y en a quatre *d, d', d, d,* pour la troifieme ; mais pour que l'effort de la Machine foit toujours à peu près le même, on place les cames de la feconde tenaille dans le milieu de l'efpace qui eft

entre

entre les cames de la premiere tenaille. Enfin il y a quatre cames pour mener la troifieme tenaille, & on les place de façon qu'elles n'agiffent point quand les autres travaillent.

Tous les uftenfiles qui dépendent de chaque Tréfilerie font placés fur un gros & fort madrier qu'on nomme *Bûche Pl. III, h i k* (*Vignette*) & *K*, (*Fig.* 7 & 8). C'eft à ce madrier que la filiere eft folidement affujettie, & c'eft fur ces madriers que repofent les tenailles. Tout cela s'éclaircira par la fuite.

Les trois bûches font dans une même pofition : celui de leurs bouts qui eft tout auprès de l'arbre, eft plus élevé que l'autre, & cette pente eft néceffaire pour que les tenailles gliffent deffus, & qu'elles fe rendent d'elles-mêmes, & par l'effet de leur poids auprès de la filiere, comme nous l'expliquerons plus amplement. Le bout des bûches le plus éloigné de l'arbre, s'appuie contre une forte piece de bois parallele à l'arbre, & fur laquelle les trois bûches tombent perpendiculairement *l l* (*Vignette*) & *M* (*Fig.* 7 & 8).

Chaque bûche eft vis-à-vis un des rangs de cames, & il refte entre elles une efpece de fentier, ou un efpace affez large pour qu'un homme puiffe y paffer.

Comme ces trois bûches fe reffemblent, à la force près, il nous fuffira d'en examiner une ; ce que nous en dirons conviendra aux autres. La filiere *P P* (*Fig.* 8) eft attachée fur la bûche *K*, de forte que fa longueur traverfe la largeur de la bûche ; pour la retenir bien ferme, il y a fur la bûche quatre forts barreaux montants, ou jumelles de fer *N*, *N* (*Fig.* 7 & 8) placées deux à deux vis-à-vis l'une de l'autre ; on met la filiere de champ entre ces montants, on la ferre en cette fituation avec des coins de bois ; & afin qu'elle ne puiffe point s'élever, & pour rendre les montants plus inébranlables, les deux montants qui font vis-à-vis l'un de l'autre font liés au bout d'en haut par une cheville à clavette *O* (*Fig.* 7) qui les traverfe.

Le fil qui eft engagé dans la filiere eft faifi entre la filiere & l'arbre par de fortes tenailles *H* (*Fig.* 7 & 8) qui le ferrent ; & en s'éloignant enfuite de la filiere, elles contraignent une certaine longueur de ce fil à paffer par le trou de la filiere, où on l'a engagé. Ces tenailles étant arrivées au bout de leur courfe, reviennent, par leur propre poids, auprès de la filiere pour commencer une autre tirée. Cette courfe n'eft pas longue ; car la tenaille de la premiere bûche ne tire à chaque coup que 2 pouces de longueur de fil ; la tenaille de la feconde bûche 4 pouces ; celle de la troifieme bûche 5 pouces. Et comme l'arbre fait à peu près 16 tours par minute, la petite tenaille tire environ 80 pouces de fil par minute, & les autres à proportion ; les tenailles, les filieres, & tout ce qui dépend de la premiere bûche est plus gros & plus massif que tout ce qui appartient aux autres. Cet ajustage pour la premiere bûche pese environ 200 liv. pour la seconde 150 ; pour la troisieme 100. Quand les tenailles ont reculé d'une quantité convenable, elles s'ouvrent, elles abandonnent le fil qu'elles tenoient ; & en glissant à cause de la pente de la bûche, elles reviennent le prendre de nouveau tout auprès de la filiere pour en tirer une seconde longueur, lorsqu'elles retourneront en arriere : il faut expliquer comment s'opere ce jeu alternatif des tenailles qui produit tout l'effet de la machine.

Après ce que nous venons de dire, on conçoit que c'est toujours tout près de la filiere que la tenaille doit saisir le fil pour en tirer une certaine longueur, quand une force obligera la tenaille de s'éloigner de la filiere, & de se rapprocher de l'arbre ; puis cette force cessant d'agir, la tenaille, par son propre poids, se rapprochera de la filiere : & afin de faciliter ce mouvement, on met sur la bûche & sous la tenaille une planche fort unie II (*Fig.* 7 & 8) qu'on nomme la *Tuile*, qui est encore plus inclinée que la bûche ; elle est arrêtée par un bout tout auprès de la filiere, & son autre bout repose sur un tasseau qui l'éleve ; on le voit (*Fig.* 7). Cette tuile recevant les frottements de la tenaille, elle préserve la bûche d'en être endommagée, & il est facile de changer cette petite planche quand elle est usée.

Par ce que nous venons de dire, on appergoit qu'il faut que la tenaille s'ouvre en descendant sur la planchette ou la tuile, pour s'approcher de la filiere, & qu'elle doit se refermer pour saisir le fil de fer, quand la force agit pour l'éloigner de la filiere : voici comment cela s'exécute. Les deux branches de la tenaille passent dans un anneau ovale G, & un peu applati qui porte une queue c (*Fig.* 7, 8 & 9) ; cet anneau & sa queue se nomment un *Chaînon* ; comme les deux branches de la tenaille se renversent en dehors, on voit que quand le chaînon est tiré en arriere, il fait force pour rapprocher les branches de la tenaille, & par conséquent pour serrer les mâchoires a, a (*Fig.* 8 & 9) qui saisissent le fil de fer, & elles le serrent d'autant plus qu'il faut plus de force pour faire passer le fil par le trou de la filiere ; mais quand l'anneau ou le chaînon est poussé en avant, les branches & les mâchoires s'ouvrent, & la tenaille n'étant plus retenue par le chaînon, coule sur la tuile ; elle se raproche ainsi de la filiere, & elle mord le fil de nouveau quand on tire le chaînon en arriere.

Pour comprendre comment le chaînon est retiré en arriere, il faut savoir que sa queue c (*Fig.* 7, 8 & 9) est repliée en crochet ; que le crochet passe dans l'anneau d'un piton qui tient à la branche verticale F d'un levier de bois DF (*Fig.* 7), recourbé en équerre, qui fait avancer & reculer le chaînon, comme nous allons l'expliquer.

Cette équerre a donc deux branches, une verticale F à laquelle est attaché le chaînon , l'autre horizontale *D* qui est abaissée par la came *C* (*Fig.* 7 & 8) de l'arbre. Une cheville de fer *V* (*Fig.* 7 & 8) traverse cette équerre assez proche de l'angle où se réunissent ses branches , & cette cheville ou boulon forme un aissieu dont les extrémités traversent la bûche à son bout qui est élevé , & placé du côté de l'arbre.

Cette extrémité de la bûche est entaillée pour recevoir l'équerre , ainsi l'équerre peut tourner sur son aissieu sans que rien s'y oppose.

La branche verticale *F* de cette équerre qui tient la queue du chaînon , & qui est toujours plus élevée que la bûche , est plus courte que la branche horizontale , & c'est vers le milieu de sa hauteur qu'est le piton dans lequel passe la queue du chaînon.

La branche horizontale *D* excede la bûche d'une grande partie de sa longueur , & elle est assez longue pour aller rencontrer une des cames de l'arbre que l'eau fait tourner. Il faut donc concevoir que, quand une came rencontre la branche horizontale de l'équerre , elle appuie dessus avec beaucoup de force ; elle l'oblige de descendre ; l'équerre tourne sur son axe ; la branche verticale obéissant à ce mouvement, se porte en arriere ; elle tire dans ce sens le chaînon , ainsi que la tenaille qui contraint le fil de passer par la filiere , parce que le chaînon rapprochant les branches des tenailles , il fait saisir & serrer le fil par les mâchoires.

Quand la branche horizontale de l'équerre est échappée de la came, cette branche est relevée par une chaîne *q* (*Vignette*) & *Z Y* (*Fig.* 7) qui répond à une perche à ressort *p o* & *Y X* qui a été pliée par l'effort de la came ; la branche verticale de l'équerre se rapproche donc de la filiere & pousse devant elle le chaînon ; alors les tenailles s'ouvrent, elles glissent sur la tuile & se rapprochent presque d'elles-mêmes de la filiere.

Comme il y a trois équerres à relever , une pour chaque bûche , on établit, pour tenir les trois perches à ressort en état, un chassis soutenu par quatre montants *m n* , *m n* (*Vignette*) & *T* , *T* (*Fig.* 7 & 8) assez forts, & huit plus menus qui sont distribués, quatre à la face de devant, & quatre à celle de derriere qui regarde l'arbre tournant. Ceux-ci sont plus courts que ceux que j'ai appellés *de devant* ; les perches sont attachées par leur gros bout à la traverse du chassis qui est soutenue par les montants du devant, & environ aux deux tiers de leur longueur ; elles s'appuient sur la traverse de derriere qui, comme je l'ai dit , est plus basse que celle de devant ; par cet ajustement , toute la longueur de la perche fait ressort.

Comme pour tirer le gros fil , il faut plus de force que pour tirer le fil fin, on tient les cames qui répondent à la premiere bûche plus courtes que celles qui répondent à la seconde , & les cames qui répondent à la troisieme bûche sont les plus longues de toutes : c'est pour cela que la tenaille de la premiere bûche ne tire que deux pouces de longueur de fil ; celle de la seconde, 4 ; & celle de la troisieme 5. L'arbre fait ordinairement 16 tours par minute.

A mesure que le fil passe par la filiere, il acquiert de la longueur ; & quoique le jeu de la seconde & de la troisieme tenaille soit plus grand que celui de la premiere, le fil déja alongé ne passeroit pas dans le même temps que celui qui ne l'est pas, si, outre la plus grande tirée, il n'y avoit pas trois cames pour la premiere & la seconde bûche, & quatre pour la troisieme.

Maintenant que l'on conçoit le jeu de la Machine, nous pouvons expliquer comment elle travaille.

On commence par donner un recuit au forgis, avec du charbon de bois (*Fig.* 1) ; ensuite on prépare le bout qui doit entrer dans le premier trou qui est assez large pour effacer ou rabattre les éminences les plus saillantes & les arrêtes qui n'ont point été effacées par le martinet ; on fait, dis-je, rougir le bout du forgis, & on le bat sur l'enclume pour qu'il entre aisément dans le trou de la filiere. La premiere bûche devant dégrossir le forgis, a toutes ses parties plus fortes que les autres. L'Ouvrier qui est attaché au service de cette bûche, fait mordre les mâchoires des tenailles sur le bout qu'il a fait passer par la filiere ; il a même l'attention de conduire les tenailles pendant qu'elles tirent les deux ou trois premieres longueurs ; la Machine ensuite fait le reste, & toute l'occupation de l'Ouvrier (*Fig.* 2 ; *Vignette*) se réduit à recevoir le fil à mesure qu'il sort de la filiere ; il donne ensuite un recuit à ce fil, il l'appointit & il le passe dans un autre trou un peu moins gros qui arrondit le fil ; puis il le passe encore dans un trou un peu moins gros que le précédent ; & alors en le recevant au sortir de la filiere, il le roule, comme on le voit dans la *Figure*, & ce gros fil se nomme *Fer de roulage*.

Un bon Ecoteur (c'est ainsi qu'on appelle l'Ouvrier qui est attaché à la premiere bûche,) doit étudier la nature de son fer ; quand il est mou ou cassant, il doit diminuer la tire de ses tenailles, & dégorger sa filiere, c'est-à-dire, augmenter un peu le trou par derriere ; car il faut que la partie la plus étroite du trou, celle qui agit principalement sur le fer, soit à la sortie du trou, sans cela le fil se trouve gêné dans le trou : les tenailles, il est vrai, le forcent de passer ; mais il se forme des grains qui se découvrent par la suite, & occasionnent des ruptures, sur-tout quand le fer est tendre ; en ce cas il doit ôter une hape de son chaînon pour raccourcir le trait, & n'en tirer à la fois qu'une petite longueur, comme 2 pouces, au lieu que quand son forgis est bon, il peut en tirer 3 ou 4 pouces à chaque tenaillée. Je reviens aux opérations qui se font à la premiere bûche, & dont j'ai interrompu le détail.

On voit que, quand la Machine est en train, & lorsque les tenailles ont agi deux ou trois coups, l'Ouvrier la laisse faire tout l'ouvrage ; il s'assied

sur

sur une planche *V* qui est entre les bûches, & il n'a autre chose à faire que de recevoir le fil qui a passé par la filiere, & de le rouler pour en former une espece d'écheveau, sans quoi il pourroit se mêler & arrêter le jeu des tenailles ; mais comme ce fil, au sortir de la filiere, est très-chaud, pour ne se pas brûler, il ne le manie qu'avec des chiffons.

Quand le fil a passé par le premier trou qui ne fait qu'abattre les principales éminences & les coups du martinet, on le passe dans un trou plus petit, & ensuite dans un troisieme qui acheve de le dégrossir.

Pour que le fil glisse plus aisément en traversant la filiere, il est bon qu'il soit toujours gras ; & pour cela on ajuste dans un nouet de toile, un morceau de lard que le fil traverse avant que de passer par le trou *Q* (*Fig.* 7 & 8).

Après que le fil a été passé par trois trous, & qu'il a été réduit en roulage, parce qu'alors on peut le rouler en lui faisant décrire un assez grand cercle, on lui donne un nouveau recuit ; on forge la pointe pour entrer dans la filiere de la même bûche, où on lui donne deux trous pour le réduire à la grosseur qu'on nomme *Ecotage* ; ensuite on le recuit, & on le porte à la seconde bûche.

L'Ouvrier qui est attaché à cette bûche le fait passer par trois trous de sa filiere pour en faire un fil d'*Ecotage* ; & comme le fil gagne beaucoup de longueur, il est aussi long-temps à passer par les trous de la seconde bûche, qu'il avoit été à passer par les trous de la premiere, quoique les cames soient plus longues, & les tirées plus considérables.

Après avoir donné un troisieme recuit, & avoir formé la pointe, ou avec le marteau, ou avec la lime, ce dont on ne peut se dispenser toutes les fois qu'on change de trous de la filiere, on porte le fil à la troisieme bûche. Les mouvements de cette tenaille sont plus vifs que ceux des précédentes, parce qu'à cet endroit l'arbre a quatre cames, au lieu qu'aux autres bûches, il n'en a que trois. Comme cette tenaille fatigue moins que les autres, elle est un peu moins forte ; on y fait passer le fil par trois ou par quatre trous ; quand il a passé par trois trous, on le nomme *Fil d'ébroudage* ; quand il a passé par quatre trous, on le nomme *Ebroudis*, de sorte que pour réduire le fil en ébroudis, il passe par huit ou neuf trous. On n'est pas plus de temps à réduire le fer en ébroudis dans les Tréfileries, qu'on n'a été à le convertir en forgis sous les martinets.

Les Ouvriers travaillent 9 heures par jour au tirage ; & ils emploient 4 heures pour recuire & brider les filieres, c'est-à-dire, pour assortir les trous, & assujettir les filieres dans les crampons.

Il n'arrive guere qu'on tire le fil dans les Tréfileries plus fin qu'en ébroudis ; passé ce terme, on le tire à bras, comme nous l'expliquerons dans la suite. Il me paroîtroit cependant possible d'établir dans les Tréfileries une quatrieme bûche plus légere, ainsi que les tenailles, pour tirer du fil plus fin,

FIL D'ARCHAL. D

comme on en a quelquefois qu'on fait mouvoir à bras ; ou bien pour éviter les mâchoires des tenailles qui endommagent le fil délié, on pourroit tirer le fil avec une bobine que l'eau feroit tourner.

Dans toutes les opérations de la Tréfilerie, il y a sur-tout deux choses qui méritent une attention particuliere : l'une est de proportionner la grandeur des trous de la filiere à la grosseur du fil ; si le trou de la filiere étoit presque de la même grosseur que celui d'où le fil sort, on perdroit son temps, mais la qualité du fil n'en souffriroit pas ; si le trou étoit trop fin, comme le fil éprouveroit trop de résistance à passer par le trou, ce que les Ouvriers appellent *donner trop de faix*, ou le fil romproit, ou il auroit des bouillons ; il feroit, comme disent les Ouvriers, *la queue de renard*.

Il faut avoir grande attention que la partie du trou la plus étroite soit toujours à la surface par où sort le fil, sans quoi le fil romproit ou feroit la queue de renard ; c'est pourquoi nous avons déja dit que l'Ouvrier devoit avoir soin de dégorger sa filiere en faisant entrer le poinçon par derriere. Quelquefois le fil, au lieu d'être rond, est strié & comme cannelé ; cela vient de ce que le trou de la filiere n'est pas bien arrondi, & qu'il a de petites bavures : en ce cas il faut réparer le trou défectueux avec le poinçon.

Il arrive encore qu'il se fait dans le trou de la filiere, ce qu'on nomme un *Cograin*. Ce sont de petits grains de fer qui s'attachent si intimement au dedans du trou qu'ils y sont comme soudés ; ce cograin fait des rayures considérables au fil de fer qui sort rude & défectueux de la filiere, & le fil ne tarde pas à rompre. Quand l'Ouvrier s'en apperçoit, il prend un poinçon qui est plat par son petit bout ; il introduit le poinçon par le bout étroit de la filiere, & avec un petit coup de marteau il détache le cograin. Il est évident que s'il passoit son poinçon par l'ouverture large de la filiere, il pourroit fermer entiérement le trou avec le cograin. Après que le cograin est parti, il doit poinçonner le trou pour l'arrondir. Tout cela se fait par derriere ; mais quelquefois il donne un petit coup par devant pour fortifier les bords du trou qui doit être bien calibré, pour que l'extension se fasse peu à peu & par degrés.

On a vu qu'il y a un homme destiné pour le service de chaque bûche, & que cet homme est presque uniquement occupé à rouler le fil qui passe par la filiere. Il ne paroîtroit pas impossible d'imaginer un moyen pour que le fil se dévidât sur un moulinet que l'eau feroit tourner ; mais cette Machine ne dispenseroit peut-être pas d'attacher un homme à chaque bûche pour veiller à ce que tous les mouvements allassent réguliérement, pour arrêter la tenaille, & rajuster le fil quand il se rompt, &c.

Une filiere coûte environ dix livres, & elle ne dure guere que deux mois ; ce sont les Ouvriers de la Tréfilerie qui apprêtent l'œil des filieres ; il y a pour cela sur les bûches une mortaise dans laquelle ils assujettissent verticalement, avec des coins, la filiere, & ils calibrent l'œil avec un poinçon d'acier trempé ; quand l'œil est trop large, ils le diminuent en appuyant la filiere sur un morceau de bois, & frappant tout autour de l'œil avec la panne d'un marteau.

On mesure la grosseur des fils de fer avec une espece de compas d'épaisseur qu'on nomme *Jauge d* (*Fig.* 8) ; elle est faite avec un fil de fer, ou de laiton qu'on plie en zigzag, mais de telle sorte qu'entre chaque infléxion, il y ait juste un espace semblable au diametre que doit avoir chaque numéro de fil.

Indépendamment des noms qu'on donne aux fils de fer qui ont passé par les différentes filieres, on les distingue encore par des numeros relatifs aux nombres de trous par lesquels ils ont passé. Le roulage fait le N°. 6 ; l'Ecotage, N°. 7 ; l'Ebroudage à trois trous, N°. 8 ; celui à quatre trous, N°. 9.

Toutes les fois qu'on a recuit le fil, on l'éclaircit avec du grès pilé fin, ou quelqu'autre matiere. L'Ecrieur qui fait ce trayail (*Fig.* 5 *Vignette*), est comme le garçon du Tréfileur. Cet Ouvrier qu'on nomme l'*Ecrieur* ou *l'Ebroudeur*, attache à un clou à crochet placé à la hauteur où son bras peut atteindre, un bout du fil qui a été recuit ; & il éclaircit le fil en le frottant avec un morceau de toile écrue & du grès ; quand il a donné cette préparation à une certaine longueur de fil, il en forme un écheveau *t u* ; si le fil n'est pas bien ébroudi ou écrié, & qu'il reste du grès attaché au fil de fer, il est sujet à rompre, & il endommage les filieres. Cependant le beau poli du fil de fer vient de ce qu'il est en quelque façon fourbi par le frottement qu'il éprouve dans la filiere.

Nous avons dit que les Ouvriers recevoient le fil au sortir de la filiere, & qu'ils le rouloient en écheveau pour qu'il ne se mêlât point : il faut faire le diametre des écheveaux d'autant plus grand, que le fil est plus gros ; l'Ouvrier peut, en donnant une certaine position à sa filiere, disposer le fil à se rouler en écheveaux plus ou moins grands.

Car si la filiere penche en devant, elle donne un petit tour au fil ; si elle penche en arriere, elle lui donne un grand tour : la même chose arrive lorsque les trous de la filiere sont mal percés ; si l'inclinaison du trou porte en l'air, il se forme un grand tour ; s'il s'incline en bas, il se forme un petit tour : ainsi l'Ouvrier regle sa filiere par des coins de fer qu'il place entre les crampons, pour que le fil se dispose à faire un grand ou un petit tour, ou pour rectifier le défaut d'un trou qui n'est pas exactement percé.

Dans quelques Atteliers, on donne les recuits à la forge ; mais il faut prendre garde de brûler le fer dans quelques parties qui romproient infailliblement ; j'aimerois mieux le recuire dans un four chauffé avec du bois comme dans certaines Refenderies ; quand le fil est fin, on le recuit différemment, ainsi que je l'expliquerai dans un instant.

M. de la Londe se sert d'un four qui a 12 pieds de longueur sur 4 de largeur ; il y a dans l'intérieur 3 ou 4 chantiers de fer, sur lesquels on met les écheveaux de fil ; on fait dessous un feu clair avec de la bourrée ; il y a au fond du four un trou de 4 ou 5 pouces en quarré qui sert de soupirail pour attirer la chaleur vers le fond, & animer le feu ; ce four contient deux cents douzaines de marchandise, ce qui fait qu'il en coûte moins qu'avec du charbon ; on retire les paquets quand ils sont couleur de cerise.

On tire ordinairement par jour 9 douzaines du fil nommé *Ebroudi*.

Le cent de forgis fait 536 pieds de longueur étant réduit en écotage ; le cent d'écotage donne 947 pieds d'ébroudage ; & cent livres d'ébroudage donnent en ébroudis 1592 pieds de longueur.

En passant par le premier trou de la filiere, dix aunes de forgis s'alongent à peu près de sept aunes.

En passant par le second trou, dix aunes s'alongent environ de six aunes.

En passant par le troisieme trou, dix aunes s'alongent environ de cinq aunes.

En passant par un 4e trou, dix aunes peuvent s'alonger de quatre aunes.

Au reste le fer s'alonge d'autant plus qu'il est plus doux ; & quand le trou est petit, l'alongement est plus considérable que si le trou différoit peu de celui dont le fil sort ; mais on ne doit pas tendre à avancer ainsi l'ouvrage : ordinairement un fil trop serré dans la filiere rompt, ou au moins il en sort mal conditionné ; il est fendu, & a des crissures ; si le fil a des pailles, c'est presque toujours la faute de celui qui a fait les forgis, qui n'a pas bien corroyé son fer. Ce qu'on nomme les *Mautures* vient de ce que le fer a été chauffé inégalement & brûlé en quelques endroits qui se feront trouvés dans le vent de la tuyere, ce qui arrive par la faute du Chauffeur, qui n'a pas bien attisé son feu & débouché la tuyere. Quand le trou de la filiere est trop serré, il se forme ce qu'on nomme des *Pierres*, c'est-à-dire, que le fil demeure creux, & qu'il se déboucle, qu'il se file par nœuds, ce qui le fait casser, ou le fil reste défectueux. Il est donc toujours à propos de faire passer le fil dans un grand nombre de trous dont le diametre differe peu, afin de ne point trop forcer le fil.

Il faut cependant que le trou de la filiere soit proportionné à la grosseur du fil ; quand le trou differe trop peu du trou précédent, il est vrai que le fil éprouve peu de résistance ; mais comme la filiere n'agit que sur la superficie du métal, l'extension ne se fait pas dans toute l'épaisseur du métal, ce qui fait que le fil est mal conditionné, parce qu'il n'y a que le bord du trou qui agisse sur le fer ; toute la gêne, comme l'on dit, se fait au sortir du trou ; si le trou est trop petit, le fil casse, ou il devient frisé ; mais quand la grandeur du trou se trouve proportionnée à la grosseur du fil, & que la filiere est bien percée, la gêne commence un peu en arriere de l'œil à cet évasement qu'on nomme *Pertuis* ; & la filiere, comme disent les Ouvriers, commande

mande plus long-temps au fil, ce qui fait un fil bien conditionné, pourvu que le fer soit de bonne qualité : car quand le fer se trouve avoir ce que les Ouvriers appellent *du blanc ployant* ou *des taches couleur de charrée*, il est bien difficile d'empêcher qu'il ne se déchire à la sortie du trou, & qu'il ne forme ce que l'on nomme *la queue de renard* ou *de canard*; au contraire le Tréfileur peut travailler hardiment, quand son fer a ce qu'on nomme *du noir ploiant*.

Voilà le fer ébroudi, & en état d'être travaillé par les Agreyeurs : suivons-le dans cet autre Attelier. *

A R T I C L E I V.

Maniere de tirer les Fils de Fer ébroudis jusqu'au dernier degré de finesse.

Le fil de fer ébroudi, ou, comme nous l'avons expliqué, réduit à n'avoir qu'un tiers de ligne de diametre, n'est plus tiré dans les Tréfileries : il est acheté par des Ouvriers établis auprès de ces Atteliers, (on les nomme *Agreyeurs*,) qui travaillent dans leurs boutiques à le rendre beaucoup plus fin ; ou bien ce fil est vendu à des Marchands qui le distribuent à des Ouvriers établis dans des Villes éloignées.

Comme rien n'est plus avantageux dans les Fabriques que de ménager la main-d'œuvre, on continueroit apparemment à tirer le fil dans les Tréfileries plus fin qu'on ne fait, si l'expérience n'avoit appris qu'il demande alors à être plus ménagé, à être tiré moins brusquement, pour n'être point entamé par les mâchoires des tenailles ; il est devenu plus cassant à proportion qu'il a perdu de sa grosseur : peut-être néanmoins gagneroit-on à le tirer un peu plus fin en employant des outils moins grossiers, & en rendant les mouvements plus lents, ou en faisant agir la tenaille par un cheval, au lieu d'employer la force des hommes. Mais suivant l'usage, au sortir de la Tréfilerie, il n'est plus tiré qu'à bras, à la bûche, puis à la bobine.

La premiere filiere par où on le fait passer est disposée à peu près comme celles des Tréfileries, je veux dire, qu'elle est de même arrêtée sur une piece de bois assez massive appellée *Bûche* (*Pl. IV*, *Fig.* 1 & 6.), qui a de longueur 3 pieds 6 pouces, de largeur 8 à 10 pouces, & d'épaisseur 5 à 6 pouces ; un des bouts de la bûche pose à terre, & l'autre est soutenu par deux forts pieds d'environ 2 pieds quelques pouces de hauteur. Le fer y est aussi tiré par des tenailles qui ne différent de celles des Tréfileries que par leur grandeur ; la position inclinée de la bûche a encore ici le même usage ; elle fait que les tenailles, après avoir été éloignées de la filiere, s'en

(*) On fera bien de consulter ce que M. Gallon a dit dans l'Art de convertir le cuivre de rosette en laiton, pag. 37, où il s'agit de faire du fil de laiton : on y trouvera la Description d'une Tréfilerie autrement disposée que celle dont nous venons de donner la Description.

rapprochent par leur propre poids ; enfin les tenailles font tirées ici de la
même maniere, à cela près que la main droite *a* (*Fig.*) *M Fig.* 1 & 9,)
& 7) de l'Ouvrier pese fur une piece *N* (*Fig.* 10) femblable à celle qui
eft rencontrée par les cames de l'arbre.

Le bout de la bûche le plus élevé a une entaille, où eft arrêté un aiſſieu
de fer *b* (*Fig.* 10) autour duquel tourne le levier fur lequel l'Ouvrier
agit ; ce levier eft de bois, & fait à peu près en équerre ; le boulon *b* qui
lui fert d'axe, le traverfe auprès de fon angle ; les deux bras font inégaux ;
le plus long fort d'environ 18 pouces hors de l'entaille ; c'eft celui fur
lequel la force de l'Ouvrier s'applique ; l'autre s'éleve au deſſus de la bûche ;
à celui-ci eft attaché un anneau qui eft au bout d'un piton qui traverfe le
bras, & y eft arrêté par une clavette.

Les deux branches des tenailles font encore paſſées ici dans une efpece
d'anneau applati, appellé *Chaînon O* (*Fig.* 11), & ce chaînon a une queue
ou verge de fer dont le bout recourbé paſſe dans l'anneau du levier.

La longueur des tenailles & celle du chaînon font compaſſées de telle forte,
que quand la petite branche du levier eft verticale, les mâchoires des tenailles touchent la filiere ; auſſi-tôt que l'Ouvrier appuie fur la branche horizontale, il l'oblige à s'abaiſſer ; il éloigne donc de la filiere le bout de la branche verticale ; elle tire à elle le chaînon, & par conféquent les tenailles
tirent le fil de fer, fi elles le tiennent faifi entre leurs mâchoires : dans l'inftant
l'Agreyeur releve la queue ou longue branche du levier ; il fait avancer le
chaînon vers la filiere, & les tenailles entraînées en partie par leur propre
poids, ne manquent pas auſſi de defcendre.

Outre l'inclinaifon de la bûche, afin que ces tenailles defcendent plus
aifément, elles font immédiatement pofées fur une petite planche aſſez
mince *I* (*Fig.* 6 & 7) qu'on nomme *Tuile*, dont le bout le plus éloigné
de la filiere eft plus élevé d'un pouce que l'autre : l'ufage de cette planchette
eft, comme dans la Tréfilerie, de ménager la bûche. Quand cette planchette
eft ufée, ou que les frottements y ont caufé des inégalités, on lui en fubfti-
tue une autre.

La main droite de l'Ouvrier agit feule pour tirer le fil ; étant aidée d'un
aſſez long levier, elle a de la force de refte ; ainfi la gauche n'eft chargée que
de conduire les tenailles fur-tout pendant les premiers coups, comme on
le voit en *b* (*Fig.* 1), lorfqu'elle paroît fe déplacer, & enfuite d'arranger
le fil de fer qui vient d'être quitté par la tenaille : ce fil monte vers le haut
d'un bâton *R* (*Fig.* 6) attaché contre un des côtés de la bûche ; on le
nomme la *Chambriere* ; il porte une efpece de petit anneau de fil de fer ou
de laiton, & c'eft dans cet anneau qu'eft conduit le fil nouvellement tiré ;
delà on le fait tomber à terre, autrement il s'en aſſembleroit trop fur la
bûche ; il pourroit être un obftacle au mouvement & à l'action de la

tenaille ; on a attention de l'y difposer, autant qu'il eft poffible, en efpece d'écheveau.

Chaque fois qu'on fait paffer le fil par un nouveau trou, on lui fait une pointe, & toujours avec la lime ; on l'appuie pour cela fur un billot de bois appellé *Eftibot*, qui eft arrêté contre le bout le plus élevé de la bûche, qu'il excede de quelques pouces ; autour du même billot, on entortille une efpece de torchon, appellé la *Chiffe* ; ce torchon n'eft pas inutile à l'Agreyeur, qui a fouvent à manier un fer très-gras & chaud ; car ici le fil paffe encore au travers d'un morceau de lard G (*Fig.* 6 & 7), avant que d'entrer dans la filiere ; le lard eft enfermé dans une efpece de nouet de toile pofé fur la bûche immédiatement contre la filiere ; fon ufage apparemment l'a fait nommer l'*Affile*, effectivement elle contribue à faciliter le paffage du fil, comme fi elle le filoit ; un peu par delà le fac au lard, il y a dans le deffus de la bûche un affez grand enfoncement quarré P (*Fig.* 7) qui contient les outils néceffaires à l'Agreyeur, & les empêche de tomber ; ils fe réduifent à un marteau, un poinçon, & une jauge Q (*Fig.* 6 & 7).

Cette maniere de tirer le fil avec la tenaille donne de l'avantage à la force de l'Ouvrier, mais elle eft un peu lente ; chaque coup de tenaille n'en fait paffer qu'environ une longueur de trois ou quatre pouces ; & comme les mâchoires entament un peu le fil, cette compreffion endommage le fil fin ; auffi quand le fil eft parvenu à une certaine fineffe, on s'y prend d'une autre maniere ; quelques Ouvriers même ne tirent à la tenaille qu'un pied ou environ du fil le plus gros ; quand ils en ont tiré une certaine longueur, ils pofent fur leur bûche une groffe bobine T (*Fig.* 3 & 8) dont l'axe eft foutenu par deux montants de fer Y arrêtés pour cet ufage contre la bûche ; chaque bout de l'axe peut s'engager dans une manivelle V, après avoir arrêté le bout du fil fur la bobine, & ils le contraignent de la forte à paffer plus vîte par la filiere ; ils font toujours recuire leur fil après l'avoir fait paffer par deux trous, comme font les Ouvriers de la Tréfilerie.

Il eft à remarquer que le fil de fer s'écrouit moins qu'on ne croiroit, en paffant par la filiere, & cela parce qu'il s'échauffe. Je crois que cette chaleur produit un peu l'effet du recuit ; cette preffion rapproche les parties du fer, & la chaleur les écarte.

Mais quand le fil de fer a acquis une certaine fineffe, on abandonne la bûche, & on le tire fur des bobines verticales difpofées fur un établi (*Figures* 4, 5 & 9), à peu près comme celles des Tireurs d'or ; il paffe entre les mains de nouveaux Ouvriers : ou bien les Agreyeurs qui travaillent comme les Tireurs d'or, prennent un nouveau nom ; on les appelle *Tireurs de fer*.

Leur établi a environ 4 pieds & demi de longueur, 1 pied & demi de largeur, & 5 ou 6 pouces d'épaiffeur. Cet établi eft fupporté par deux forts piliers, à environ 3 pieds du terrein ; ces piliers entrent en terre, où ils font

scellés dans une maçonnerie ; près d'un des bouts de cet établi, il y a un petit
arbre de fer autour duquel tourne librement une bobine 2 , haute de 6 ou 7
pouces, & qui en a 6 de diametre ; on la fait tourner par le moyen d'une
manivelle en équerre *V*, dont une branche est arrêtée sur le bout supérieur
de la bobine. Celle-ci a depuis le centre de la bobine jusqu'à l'angle de
l'équerre, 8 à 9 pouces de longueur ; l'autre branche de la manivelle est verticale, & a un manche de bois appellé la *Nille V* (*Fig.* 5).

A l'autre bout de l'établi est un tourniquet 1 (*Fig.* 4, 5 & 9) assez
semblable à quelques-uns de ceux qui servent à dévider les fils de lin
ou de soie ; on le nomme en quelques endroits *Lanterne* ; il est composé
de plusieurs bâtons ou fuseaux, longs chacun d'environ 8 pouces ; ils ont
pour base commune une planche ronde, plateau, ou tourteau, dans laquelle
leurs bouts sont engagés autour de la circonférence d'un cercle divisé en
autant de parties qu'il y a de bâtons ou fuseaux ; leurs bouts supérieurs sont
arrêtés dans une planche plus petite, & aussi autour d'une circonférence de
cercle moins grande ; l'arbre autour duquel tourne ce tourniquet est de
bois, & planté verticalement sur l'établi. On tient le tourniquet moins
large en haut qu'en bas, pour avoir la facilité de retirer aisément l'écheveau.

Le fil que l'on veut tirer étant en écheveau, le tourniquet sert à porter
cet écheveau ; la filiere 3 est entre la bobine & le tourniquet, mais deux
ou trois fois plus proche de la bobine ; la filiere est retenue par trois fiches
ou chevilles de fer 4, dont deux sont plantées sur une même ligne entre
la bobine & elle, & l'autre est vis-à-vis le milieu des deux précédentes,
de l'autre côté de la filiere.

Le travail n'a pas besoin de grande explication. On commence à l'ordinaire
par faire une pointe au fer en le limant sur l'estibot 6 ; on le passe par un trou
de la filiere, on le tire un peu avec des tenailles à mains, on mesure avec la
jauge quel est le diametre de la partie qui a passé, pour s'assurer si on l'alon-
gera dans la proportion qu'on souhaite, ou s'il faut choisir un autre trou ; on
tire ensuite toujours avec les tenailles à mains environ une aune de fil, &
cela afin de pouvoir en arrêter le bout sur la bobine. Elle a près de son bord
supérieur, un petit anneau de fer 10, qu'il a plû de nommer la *Porte ;*
c'est-là où l'on passe, & où l'on entortille le bout du fil, après quoi il ne
reste à l'Ouvrier qu'à tourner la manivelle.

Quelques-uns, au lieu de lard, se servent d'huile, pour faire mieux glisser
le fil ; on en frotte de temps en temps la filiere ; il y a un petit trou creusé
dans l'établi qui est le petit réservoir où on la trouve. L'établi a aussi comme
la bûche une plus grande entaille quarrée 7, qui sert en quelque sorte de
boîte pour loger les outils ; & enfin contre un de ses bouts est arrêté un
billot 6, sur lequel on raccommode les trous de la filiere qui se sont agrandis.

Comme les filieres qu'on achete neuves ne sont point percées de part
en

en part, elles n'ont que les pertuis des trous, ou le côté évasé d'ouvert; lorsqu'ils veulent en percer une, ils la posent en 5 (*Fig.* 5 & 9) perpendiculairement dans une entaille qui traverse d'outre en outre l'établi; ils l'y assujettissent avec des coins, & ouvrent entièrement le trou en frappant sur des poinçons d'une grosseur convenable.

Les usages qu'on fait des fils de fer ne demandent pas qu'ils soient tirés aussi fins que les fils d'or & d'argent, & il ne seroit guere possible d'y réussir, le fer n'étant pas si ductile; le fil de fer le plus délié dont on ait besoin est employé aux cardes fines des Ouvriers en soie; il n'a qu'environ un huitieme de ligne de diametre. Les Tireurs font passer le fil le plus fin qui sort des Tréfileries, par environ 18 pertuis avant que de l'avoir réduit au dernier degré de finesse. Il y a du fil nommé *Manicordion*, pour les épinettes & clavessins, qui est encore plus fin: mais je ne crois pas qu'on le fasse dans le Royaume; & la façon de faire ces fils fins ne s'écarte pas de ce que nous venons de dire: il s'agit d'avoir de bonne matiere, & de la faire passer par un grand nombre de trous.

On en fait même peu dans le Royaume de la grosseur qui convient aux cardes fines; il n'y a que dans quelques Villes de Province, où des Ouvriers s'adonnent à ce travail; ils choisissent le fer le plus doux; ils prétendent qu'il n'y a que celui d'Allemagne qui leur convienne, (*) qu'ils ont essayé sans succès de celui de plusieurs forges du Royaume; mais il y a apparence qu'ils n'ont pas fait leurs épreuves sur ceux des meilleures forges, & ce seroit une expérience qui mériteroit d'être suivie.

Quoi qu'il en soit, pour rendre le gros fil qu'ils emploient plus traitable, ils lui donnent des recuits. Quand le fil est un peu gros, ils le mettent dans un four de Boulanger lorsque le pain est tiré, & ils le couvrent de braise: mais quand le fil est parvenu à être fin, ils lui donnent un recuit particulier qui ne contribue pas peu à l'adoucir; ils en mettent une certaine quantité comme depuis 50 jusqu'à 100 liv. dans une marmite de fer *k l* (*Fig.* 2 dans la *Vignette*); la marmite a aussi un couvercle de fer qu'ils lutent avec de la terre grasse; ils la mettent ordinairement le couvercle en bas dans un fourneau construit de briques & de terre sur un feu de mottes de Tanneur; ils l'entourent de tous côtés avec ces mottes; ils en consomment 7 à 800, pour donner le recuit à 100 liv. de fil. Ce feu dure 10 à 12 heures; le fil de fer y prend le degré de chaleur nécessaire pour être amolli sans courir risque de se brûler, ni de devenir acier en se surchargeant de phlogistique. On laisse la marmite

---

* Il n'y a en effet que les fils fins d'Allemagne & d'Alsace qui soient propres pour les instruments de Musique; les plus fins qu'on fasse en Normandie, sont ceux qui sont destinés pour les cardes; mais aussi ils sont parfaits dans leurs qualités, & au - dessus de ceux d'Allemagne & d'Alsace, parce qu'ils sont plus fermes & plus roides.

FIL D'ARCHAL. F

refroidir tout doucement fur le fourneau même, c'eſt-à-dire, qu'on ne
l'en retire que 10 à 12 heures après que la grande chaleur du feu eſt
paſſée. On en ôte enſuite le fer qui eſt en état d'être amené à ſon plus
grand degré de fineſſe ſans qu'on ait beſoin d'avoir recours à de nouveaux recuits. Il ſemble pourtant qu'il ſeroit à propos de répéter ces
recuits, le fer ſe caſſeroit moins ſouvent ; au moins faudroit-il les répéter
s'il paroiſſoit trop aigre, ou ſi l'on avoit envie de pouſſer ſa fineſſe à un
plus grand degré. Cependant il faut, après le dernier recuit, faire paſſer le
fil par pluſieurs trous pour l'écrouir, & lui donner de la roideur.

Quand la marmite a ſervi 9 ou 10 fois, elle n'eſt plus bonne, parce
que le feu y a fait de petits trous imperceptibles qui font que le fil qui
touche à la marmite, rougit trop promptement, & ſe brûle.

Le mérite de ce recuit eſt de ne point engendrer d'écailles au fer ;
& de le rendre auſſi doux que du plomb.

La premiere fois que les Agreyeurs tirent leur fil, il s'alonge comme
10 à 18 ; ainſi 10 pieds en donnent 18.

Les fils qu'on nomme *à rouet*, ceux à épingle, s'alongent ordinairement
comme 10 à 20 ; de ſorte que 10 pieds en fourniſſent 20.

Les fils fins pour cardes s'alongent comme 10 à 30, en ſorte que 10
pieds en fourniſſent 30 (*).

Fil d'Acier.

Il y a des ouvrages pour leſquels il eſt beſoin d'avoir du fil d'acier.
Les bonnes aiguilles, par exemple, en doivent être faites, & l'acier natu-
rellement plus aigre que le fer eſt auſſi plus difficile à tirer. C'eſt celui
de Hongrie, auquel les Tireurs d'acier donnent la préférence. Ils en font
chauffer dix barres, & en les forgeant ils les réduiſent en verges rondes,
groſſes à peu près comme le petit doigt, même moins ; ils font eux-mêmes
ce que les Allemandiers font pour les Tréfileurs. Et cela eſt néceſſaire, parce que l'acier demande beaucoup plus de ménagement pour être
chauffé & forgé que le fer. Ils réduiſent leur acier en barreaux ou tringles, ſemblables au fer forgis. Ils le tirent enſuite à bras ſur des bûches
ſemblables à celles des Agreyeurs ; & s'ils veulent le rendre bien fin,
ils ſe ſervent enſuite de bobines ; mais il eſt à remarquer qu'ils ont ſouvent beſoin d'employer des recuits ; quelques-uns les donnent dans des
marmites de fer à feu de mottes de Tanneur, comme nous l'avons dit en
parlant du fil de fer le plus délié ; ils chauffent la marmite juſqu'à ce que
l'acier qu'elle contient ſoit devenu rouge ; d'autres le font recuire immé-

---

(*) On peut conſulter ce que nous avons dit au commencement de l'Art de l'Épinglier ſur la
façon de raire ou traire le fil de laiton.

diatement fur les mottes, & d'autres enfin fur du charbon qu'ils choififfent de bois blanc.

La quantité defil de fer ou d'acier qu'on travaille, fe compte par douzaines de livres.

Il faut environ trois jours de temps pour tirer une douzaine de livres du plus gros fil d'acier, & il faut 15 jours ou 3 femaines pour tirer une douzaine de livres du plus fin, bien entendu que cela dépend de la force de l'Ouvrier.

Fil de Laiton.

Tout ce que nous avons dit des fils de fer & d'acier, nous exempte d'entrer dans le détail de la maniere de tirer le fil de laiton, qui d'ailleurs a été très-bien décrite par M. Gallon, dans l'Art de convertir le cuivre rouge en laiton, & nous renvoyons au Tireur d'or pour favoir comment on tire le cuivre affez délié pour le rendre propre au tiffu. On fait que le laiton eft un métal compofé de cuivre & de pierre calaminaire. Cet alliage le rend plus dur que le cuivre de rofette, & plus propre aux épingles & à d'autres Ouvrages. On nous l'apporte d'Allemagne en fil affez gros, que nos Ouvriers rendent plus fin par le moyen de filieres pofées fur des bûches femblables à celles des Agreyeurs, ou fur des établis pareils à ceux des Tireurs de fer. Comme ce travail regarde les Épingliers, on peut confulter la defcription de leur Art, où l'on trouvera ce qu'il a de particulier.

Maniere de faire les Filieres pour les Tréfileries & les Tireurs de Fil de Laiton, de Fer & d'Acier.

On forge exprès dans les groffes forges des bandes de fer plat pour ceux qui font les filieres. Ces bandes ont deux pouces de largeur fur un pouce d'épaiffeur; & dans les groffes forges, on ne donne point d'autres préparations à ces bandes de fer qu'à tous les autres fers étirés.

Le Forgeron qui travaille les filieres, coupe un bout de ce fer plat d'environ un pied de longueur; il le fait rougir à la forge dans du charbon de bois, & il le bat fur le plat feulement d'un côté avec une maffe pour auger ou creufer cette furface, afin qu'elle puiffe plus aifément retenir ce qu'on nomme *le potin*, qui n'eft autre chofe que des fragments de vieilles marmites de fer fondu. Cependant la fonte de la vieille marmite ne fait pas de bonnes filieres; c'eft un potin brûlé qui a perdu toutes fes parties ductiles. M. de la Londe affure qu'un potin neuf, ou qui n'a point été au feu, eft beaucoup meilleur.

Le Forgeron caffe, à coups de marteau, ce potin fur fon enclume; il mêle ces morceaux de potin avec du charbon de bois blanc; il le met à la forge, & il le fait fondre de forte qu'il en forme une efpece de pâte; & pour l'épurer, il répete ces fufions jufqu'à 10 ou 12 fois, & à chaque fois il le prend avec des tenailles pour le plonger dans l'eau. Ces fontes répétées avec du charbon de bois, affinent le potin qui se charge de phlogistique, & je crois qu'on le jette dans l'eau pour tremper cette matiere qui est très-aigre, & la rendre plus aisée à briser par morceaux.

Quoi qu'il en soit, en fondant ce potin plusieurs fois, on lui donne un corps & une liaison avec lui-même qui approche de l'acier ; & loin d'être aigre, il faut qu'il ait du nerf en conservant sa ductilité, ensorte qu'il se bat, & obéit au marteau & au poinçon pour élargir ou retrécir le trou de la filiere.

Lorsque la filiere a passé une certaine quantité de fil, il faut la recuire avec du charbon de bois blanc ; alors ce potin qui étoit devenu acier dur, s'adoucit par la cuisson, & devient plus traitable au marteau ainsi qu'au poinçon, & le fil de fer passe beaucoup mieux. Le bois blanc & son charbon adoucissent beaucoup le fer par le recuit ; quand une filiere aigre est retirée du feu, on met dessus de l'argille brûlé & réduit en poudre, & on la laisse se refroidir tout doucement. Il est bon de ne pas ignorer ces petites manœuvres.

Quand ce potin est ainsi purifié, & que la barre de fer qu'on a creusée est refroidie, on arrange sur cette face creusée des morceaux de potin, on en fait une couche d'environ dix lignes d'épaisseur sur toute l'étendue de la semelle, & on recouvre cette couche de potin avec un linge qu'on a trempé dans de l'argille détrempée dans de l'eau.

On met le tout au feu, la semelle rougit, & le potin qui est plus fusible que le fer forgé, se fond. On retire de temps en temps la barre ; on pose la semelle sur la table de l'enclume ; on frappe à petits coups sur la couche de potin pour la souder, & en quelque façon l'amalgamer avec le fer de la semelle, ce qui ne se peut faire que peu à peu ; & en remettant le tout rougir à plusieurs reprises, le potin bouillonne & petille, il se forme une croûte de crasse à la superficie que l'on ôte avec précaution ; quand on voit que le potin est bien net, & qu'il s'est mêlé avec la superficie du fer de la semelle, on jette dessus de l'argille seche & en poudre ; on prétend que ce mélange adoucit le potin.

Quand on a ainsi attaché & uni le potin à la semelle, & qu'on l'a, comme l'on dit, fait refuer, on fait rougir la filiere à la forge ; deux Ouvriers la forgent ; ils l'étirent ; elle prend environ deux pieds de longueur, & quand elle est bien unie sur les quatre faces, la filiere est parée.

On sait que le fer fondu ne peut pas se forger, qu'il se rompt & s'émiette sous le marteau ; cependant dans l'occasion présente il s'étire sur la semelle, & il s'étend assez pour qu'étant originairement d'un pied de longueur, il en acquiere deux ; apparemment qu'il a acquis cette ductilité par les différentes fontes qu'on lui a fait éprouver avec le charbon, & parce que le potin s'est allié avec le fer de la semelle.

On

On perce les filieres à chaud avec des poinçons d'acier d'Allemagne trem-
pés & fort pointus qui sont emmanchés dans une hart comme les tranches.
On en a de quatre différentes grosseurs. On commence le trou par le plus
gros poinçon qu'on trempe auparavant dans l'eau & ensuite dans de la graisse ;
& ayant posé la filiere sur la table de l'enclume, on frappe sur le poinçon
avec la masse : on approfondit ensuite tous les trous avec le second poinçon
plus menu que le premier, puis avec le troisieme, & enfin le quatrieme qui
est le plus menu de tous ; ainsi on fait rougir quatre fois la filiere à un feu de
bois ; & quand les poinçons s'émoussent, on leur fait la pointe avec la lime.

Les filieres sortent des mains de l'Ouvrier sans être entiérement percées ;
ce sont les Tireurs qui achevent les trous avec des poinçons d'acier très-fins,
& ils proportionnent la grandeur des trous à la grosseur du fil qu'ils se pro-
posent de tirer. Il faut que cette matiere soit très-dure, au moins sur la face
où l'on a mis le potin, puisqu'elle doit résister à la compression du métal
qu'on passe dans la filiere ; il faut néanmoins qu'elle soit un peu ductile,
puisque quand les trous sont un peu trop grands, on les referme en frappant
avec la panne d'un marteau, & à petits coups tout autour du trou qu'on
veut retrécir.

La forge du Faiseur de filieres est semblable aux forges des Maréchaux de
Village.

Il n'y a qu'un Faiseur de filieres, qui demeure à Encin près l'Aigle, qui a le
secret d'en faire. Il vend les grosses 17 liv. elles pesent 25 liv. Les petites
se vendent 9 liv. & pesent 2 à 3 liv. Il en fait de différentes grandeurs pour
satisfaire à la demande des Tireurs.

Il est important que le fond des trous aille toujours en se retrécissant par une
nuance insensible, afin que le fer se tire peu à peu & sans se rompre ; mais,
comme je l'ai dit, ce sont les Tireurs qui achevent les trous ; pour que cette
diminution se fasse sans ressaut, on estime les filieres qui ont un plus grand
nombre de trous.

EXPLICATION DES FIGURES
DE LA TRÉFILERIE.

PLANCHE PREMIERE.

Cette Planche a rapport à l'Attelier où l'on fait les forgis.

F IGURE 1, *A*, la roue à aubes. *BB*, l'arbre tournant. *C*, *D*, renflements fur cet arbre à l'endroit où font les cames *QQ*. *E*, le manche du marteau. *K*, la tête du marteau & l'enclume.

Figure 2, plan de tout cet attelier, où l'on voit la courfive qui conduit l'eau fur la roue à aubes *A*. *B*, l'arbre tournant. *C*, le renflement à l'endroit où font les cames du petit marteau, qui eft fortifié par des frettes de fer. *Q*, les cames. *D*, endroit où font les cames *Q* du gros marteau. Il y a quelquefois en cet endroit un renflement comme en *C*. *E*, la tête du petit marteau. *K*, fon enclume. *M*, planche fur laquelle s'affied l'Ouvrier qui fait les forgis. *N*, boucle qui fert d'attache à un des bouts de cette planche. *P*, gouttiere de fer qui reçoit les forgis à mefure qu'ils font travaillés. *F*, la tête du gros marteau. *I*, la groffe enclume. *Y*, manivelle qui, au moyen d'un renvoi, fait jouer le foufflet. *G*, petite forge. *R*, petite enclume pour redreffer les forgis avec un marteau à main.

Figure 3, elle repréfente la tête du petit marteau avec fon enclume en *K*.

Figure 4, *E*, une portion du manche du petit marteau avec un morceau de bois *X* qu'on met fous ce manche, lorfqu'on ne veut pas que le marteau travaille. *K*, l'enclume. *L*, le forgis fur l'enclume. *Nota* qu'il eft mal placé, & qu'au lieu d'être dans la pofition *ab*, il devroit être dans la pofition *cd* (*Fig*.7).

Figure 5, une portion du manche du gros marteau.

Figure 6, cette même portion du manche avec une coupe de l'arbre tournant, & des huit cames deftinées à faire jouer le gros marteau.

Figure 7, le plan de l'enclume.

PLANCHE II.

Elle repréfente encore l'Attelier où l'on fait les forgis.

F IGURE 8, une portion du manche du marteau & de l'enclume vue en plan.

Figure 9, *K*, l'enclume où aboutit la gouttiere de fer qui reçoit les forgis ; mais elle eft repréfentée trop près de l'enclume.

Figure 10, elle repréfente l'aiffieu *V* fur lequel roule le petit marteau.

S, coins de bois qui affujettiffent le manche du petit marteau dans l'embraffure de fer *V V*.

Figure 11 , tenailles courbes pour le fervice de la forge.

Figure 12, le petit marteau vu de face avec les forgis *L* fur l'enclume *K*.

Figure 13 , toute la longueur du manche du petit marteau *S* vu de côté. On apperçoit fon axe *V* & l'enclume *K*.

Les *Figures* 14 & autres détachées repréfentent les coins qui fervent à affujettir le marteau au bout de fon manche.

Figure 15, *T, T*, montants entre lefquels font reçus les manches des marteaux. *M*, l'ouvrier affis fur la planche mobile *N*. *E*, boucle qui attache un des bouts de cette planche à un des montants *T*. *O*, chaîne qui foutient la planche, & répond au plancher. *K*, l'enclume. *L*, le forgis qu'on travaille. *P*, gouttiere de fer qui reçoit les forgis à mefure qu'ils font travaillés. *F*, le gros marteau. *Y*, manivelle qui fert à faire jouer le foufflet de la petite forge.

PLANCHE III.

Elle repréfente l'Attelier de la Tréfilerie.

FIGURE 1 , Ouvrier qui appointit fur une enclume le bout d'un fil de fer, pour le difpofer à paffer par les trous de la filiere.

Figure 2 , Ouvrier qui reçoit du fil de fer de roulage, à mefure qu'il paffe par la filiere.

Figure 3 , Ouvrier qui reçoit le fil dit *Ecotage* à mefure qu'il paffe par la filiere.

Figure 4 , Ouvrier qui reçoit l'ébroudage à mefure qu'il paffe par la filiere. *a a* , roue à aubes. *b, c, d* , les cames qui font fur l'arbre tournant , & qui fervent à faire agir les tenailles des trois bûches *h, i, k. e, f, g* , les trois leviers en équerre qui fervent à faire mouvoir les trois tenailles. *r, r, r* font les petites planches qu'on nomme *Tuiles* , fur lefquelles coulent les tenailles. *s, s, s*, des enfoncements ménagés au bout de chaque bûche pour y mettre les petits outils. Ces mêmes lettres peuvent défigner auffi les filieres. *l l*, piece de bois folidement affujettie, fur laquelle aboutiffent les trois bûches. *m, m, m*, montants qui portent un chaffis *n n n*, qui foutient les perches à reffort *o p* qui doivent relever la queue *q* des leviers en équerre.

Figure 5 , *y*, Ouvrier nommé *Ecrieur*, qui éclaircit du fil de fer en le frottant avec un torchon & du grès. *x* eft une portion du fil qu'il faut éclaircir. *t u*, celui qui l'a été.

Figure 6 , morceaux de forgis qui approchent plus ou moins de l'état où ils doivent être pour être travaillés dans les tréfileries.

Figure 7 , une bûche avec tout ce qui en dépend. *K*, la bûche. *S*, l'enfoncement où l'on met les outils. *V*, l'aiffieu du levier coudé en équerre.

D, la grande branche de ce levier. *F*, la petite branche. *B, C*, les cames de l'arbre tournant. *X Y*, la perche à reſſort. *Z*, la chaîne qui releve la branche *D* de l'aiſſieu coudé. *T,T*, les montants qui ſoutiennent les chaſſis qui portent les perches à reſſort. *G*, maillon qui ſaiſit les branches de la tenaille *H. I*, la tuile qui eſt ſupportée en arriere par un taſſeau. *NN*, montant de fer avec la traverſe *O* qui ſervent à aſſujettir les filieres. *Q*, morceau de lard pour graiſſer le fil *R*, qui va paſſer dans la filiere. *M*, piece de bois ſur laquelle aboutiſſent toutes les bûches.

Figure 8, la même choſe repréſentée en plan. *A*, la roue à aubes. *B,C*, les cames qui ſont ſur l'arbre tournant. *D*, le grand bras du levier coudé en équerre. *E*, la coupe du petit bras qui s'éleve verticalement. *V,V*, les tourillons qui ſupportent ce levier recourbé. *L, L*, échancrures faites dans la bûche *K*, pour permettre le jeu du levier recourbé. *c*, anneau qui reçoit le maillon. *G*, le maillon. *b b*, les branches de la tenaille. *H*, le corps de la tenaille. *a, a*, les ſerres de la tenaille. *I I*, la tuile. *N, N*, les ſupports de la filiere *P P. Q*, le ſac de graiſſe. *S*, l'enfoncement où l'on met les outils. *d*, jauge ou compas pour meſurer la groſſeur des fils. *R*, le fil de fer qui doit paſſer par la filiere. *M*, piece de bois ſur laquelle aboutiſſent toutes les bûches. *T*, la coupe des montants *T* de la figure précédente. *V*, la planche qui ſert de ſiege à l'Ouvrier.

Figure 9, la tenaille vue en grand & ſéparément. *a, a*, ſes machoires, *b, b*, ſes branches. *c*, queue du maillon qui entre dans l'anneau. *h*, le clou ſur lequel elles ſe meuvent. *G*, le maillon.

P L A N C H E IV.

Où l'on a détaillé la maniere d'agreyer & de tirer le Fil de Fer.

FIGURE 1, Agreyeur qui fait paſſer le fil par la filiere en abaiſſant la queue d'une équerre de bois; une de ſes mains conduit la tenaille; c'eſt ce qu'on appelle *tirer à la bûche.*

Figure 2, marmite de fer dans laquelle on fait recuire le fil de fer.

Figure 3, deux hommes qui font paſſer le fil par la filiere en faiſant tourner un tambour ſur lequel ſe roule le fil à meſure qu'il a paſſé par la filiere.

Figure 4, Ouvrier qui tire du fil fin. Comme il ne faut pas autant de forces pour traire le fil fin que le gros, un Ouvrier ſuffit pour cette opération. On met le fil à traire ſur un tourniquet *f*; il paſſe par la filiere *h*, & il va ſe dévider ſur la bobine *g*.

Quand on a paſſé le fil par trois trous de la filiere, on le fait recuire dans la marmite de fer *k l*. On voit en *k* (*Fig.* 2) la marmite *l* renverſée dans un fourneau de briques où il y a des mottes à brûler.

Figure 5, la bûche de l'Agreyeur vue en perſpective & garnie de ſes uſtenſiles.
Figure 6 ,

Figure 6, est la même bûche vue en plan. *A B*, la bûche ; près de *A* est le morceau de bois qu'on appelle *étibot*, sur lequel on lime le bout du fil de fer pour commencer à le faire passer dans la filiere : on voit autour de cet étibot *Figure* 1, la chiffe pour manier le fil de fer sans le brûler. *C*, la place de la lime. *E*, la filiere. *F*, *F*, crampons qui servent à arrêter la filiere au moyen de coins de fer qui la serrent dans les crampons. *H*, les tenailles. *I*, Planchette sur laquelle coulent les tenailles. *K*, le chaînon qui embrasse les branches de la tenaille. *L*, endroit où le chaînon est arrêté à la branche verticale & supérieure de l'équerre. *M*, branche de l'équerre qui est presque horizontale quand les tenailles sont auprès de la filiere. *O O*, l'aissieu de l'équerre. *P*, enfoncement dans la bûche pour mettre les outils qui servent à ajuster la filiere ; on y voit un marteau & un poinçon. *Q*, jauge pour mesurer la grosseur des fils de fer. *R*, la chambriere qui sert à recevoir le fil qui a passé par la filiere. Ce fil passe dans une espece d'anneau *S*.

Figure 7, *N*, le levier recourbé *M* des *Figures* 5 & 6.

Figure 8, le maillon *K* des *Figures* 5 & 6.

Figure 9, qui a rapport à la *Figure* 3 de la Vignette, est une bûche à bobine vue en perspective. *T* est la bobine sur laquelle se roule le fil de fer à mesure qu'il a passé par la filiere. *V*, *V*, les manivelles où se placent deux hommes pour faire tourner la bobine. *Y*, un des montants qui portent l'aissieu de la bobine. Le reste est à peu près comme à la bûche à équerre, & est indiqué par les mêmes lettres.

Figure 10, l'établi où l'on tire le fil de fer fin, vu en plan.

Figure 11, le même établi vu en perspective. 1, le tourniquet où l'on met l'écheveau de fil. 2, bobine sur laquelle on tire le fil. 3, la filiere. 4, 4, 4, chevilles de fer qui la retiennent. 5, la filiere placée verticalement, comme on la pose quand on ajuste les trous. 6, l'étibot ou l'étibois sur lequel on lime la pointe des fils de fer pour qu'ils entrent dans les trous de la filiere. 7, billot appellé *chouquet*, sur lequel on rabat les filieres. 8, la jauge pour mesurer la grosseur des fils de fer. 9, trou où l'on met de l'huile. 10, porte ou anneau de la bobine où l'on accroche le bout du fil de fer.

PLANCHE V.

Où l'on voit des Fils de fer de différentes grosseurs.

ON a représenté sur cette Planche toutes les grosseurs de fil de fer qui se trouvent dans les boutiques de Clincaillerie les mieux assorties *, depuis le plus fin qu'on nomme *Passe-Perle* marqué *p p*, jusqu'au numéro 29.

* Comme est celle de M. le Marié, à la Garde de Dieu, sur le quai de la Ferraille.

FIL D'ARCHAL.   H

Les Serruriers emploient du fil de fer pour beaucoup de leurs ouvrages, & on leur en fournit depuis le numéro 8 jusqu'au numéro 26, & même quelquefois jusqu'au numéro 29. Ils donnent la préférence au fil Normand qui est roide & élastique, particuliérement pour les ressorts de sonnettes & de stores, à quoi ils emploient les fils depuis le numéro 15 jusqu'au numéro 19.

Pour faire les clous d'épingle, on prend du fil de Franche-Comté que dans le Commerce on nomme *de Limoges*. Ce fil est plus doux que le Normand, & l'on emploie à cet usage depuis le Passe-Perle jusqu'au numéro 17.

Pour les treillages, on se sert de fil d'Allemagne depuis le numéro 8 jusqu'au Passe-Perle. Le fil d'Allemagne est bon & propre; mais il est souvent pailleux, & l'on ne fait point de difficulté de lui substituer du fil Normand ou de Limoges quand il s'en trouve de grosseur convenable.

Les Poseurs de sonnettes emploient ordinairement pour les renvois du fil depuis le numéro 1 jusqu'au numéro 3.

On emploie pour les cordes des instruments de Musique, des fils beaucoup plus fins; mais ils le sont trop pour avoir pu être représentés sur cette Planche.

Il ne nous a pas non plus été possible de représenter une filiere dans sa grandeur naturelle; mais pour qu'on pût en prendre une idée, nous en avons fait graver une en petit; elle est vue de plat.

La *Figure* 30 représente donc cette filiere vue par les côtés de la femelle où les trous sont plus larges.

La *Figure* 31 est une coupe de la filiere par son épaisseur, & par l'axe des trous qui, comme l'on voit, sont coniques. Les bouts évasés *a*, se nomment *Pertuis*; le petit bout *b* s'appelle *l'Œil*.

La *Figure* 32 est une jauge pour mesurer la grosseur des fils de fer depuis le numéro 15 jusqu'au passe-perle.

La *Figure* 33 est le poinçon d'acier qui sert à calibrer les trous.

EXPLICATION.
de quelques Termes propres à l'Art de la Tréfilerie.

A

AFFILE. On nomme ainsi un nouet de toile dans lequel il y a un morceau de lard ou de graisse. On fait passer le fil de fer à travers ce nouet pour lui faciliter le passage dans la filiere. *Page* 19

AGREYEUR. Ouvrier qui fait passer, à force de bras, les fils de fer déliés par la filiere. 2, 17

ALLEMANDERIE. Attelier où l'on forge sous un petit martinet le fer pour le réduire de grosseur à passer par les plus grands trous de la filiere. 2

APPLATISSERIE. C'est un attelier où l'on fait passer le fer rougi entre deux rouleaux pour le tirer en barres plates. 7

AUGER. C'est creuser en gouttiere une des surfaces d'un morceau de fer plat qu'on destine à faire une filiere. 23, 26

B

BLANC PLOYANT. C'est un défaut du fer qui le rend peu propre à être tiré à la filiere. 17

BOBINE. C'est un cylindre assez gros qui s'établit verticalement sur une forte table, & qu'un homme fait tourner au moyen d'une manivelle; on se sert de cet instrument pour faire passer à la filiere des fils déliés. 2, 19

BUCHE. C'est un fort & gros madrier qui porte les tenailles, les filieres & d'autres instruments propres à la Tréfilerie. C'est en quelque façon l'Etabli du Tréfileur. 9, 17

C

CAMES. Ce sont des especes de mentonnets ou de dents qui sont attachées sur la circonférence d'un arbre tournant, & qui servent à soulever les gros marteaux. 4

CANARD (queue de). Quand un fil de fer, au sortir de la filiere, s'est déchiré, on dit qu'*il a fait la queue de Canard ou de Renard.* 14, 17

CATONS. On nomme ainsi auprès de la Trappe des tringles de fer qui ont environ trois pieds de longueur, & qu'on forge à bras sur une enclume pour les réduire à une grosseur convenable, pour être tirées à la filiere. 3

CHAÎNON. C'est une espece d'anneau ovale ou de bride qui embrasse les queues des tenailles, & qui les serre en même temps qu'elle les tire en arriere. 10, 18

CHAMBRIERE. C'est un bâton qui est attaché verticalement auprès de la bûche. Ce bâton a une espece d'anneau de fil de fer dans lequel passe celui qu'on tire pour qu'il ne se mêle point. 18

CHAURÉE (taches couleur de). Ce sont des taches grifes couleur de cendre. 17. *Voyez* BLANC PLOYANT.

CHIFFE. C'est un morceau de torchon que les Agreyeurs tiennent à la main pour que le fil qui est gros & qui s'est échauffé en passant dans la filiere, ne les brûle pas. 19

CHOUQUET. Billot sur lequel on rabat les filieres.

COGRAIN. Ce sont de petits grains de fer qui s'attachent très-intimement aux trous de la filiere, & qui gâtent le fil lorsqu'on n'a pas soin de les ôter. 14

CRISSURES. Ce sont des especes de rides ou de crispures qui se font à la superficie du fil de fer lorsque la filiere est mal ajustée. 3, 16

D

DALLE. On nomme ainsi dans les Allemanderies une gouttiere de fer où les forgis se rendent à mesure que l'Ouvrier les a travaillés sous le martinet. 5

DÉBOUCLER, *se déboucler.* C'est quand le fil forme une espece de nœud qui le fait rompre. 16

E

EBROUDAGE. C'est le travail de la troisieme bûche; & quand le fil a passé par tous les trous de cette bûche, on l'appelle *ébroudi.* 7

EBROUDEUR, est l'Ouvrier qui est attaché à la troisieme bûche. 15

EBROUDI. *Voyez Ebroudage. Ebroudeur.*

ECOTAGE. C'est le fil qui a été travaillé sur la seconde bûche; & l'Ecoteur est l'Ouvrier attaché à cette bûche. 7

ECOTEUR. *Voyez Ecotage.*

ECRIER. C'est nettoyer & éclaircir le fil de fer en le frottant avec un linge chargé de grès. L'Ecrieur est un Garçon de la Tréfilerie qui a soin de faire cet ouvrage. 15

ECRIEUR. *Voyez Ecrier.*

ESTIBOT. ETIBOIS. ETIBOT. C'est un morceau de bois sur lequel on lime le bout d'un morceau de fil de fer, pour le mettre de grosseur à entrer dans les trous de la filiere. 19, 24

F

Faix, (donner trop de faix) c'est paſſer le fil par un trou trop fin.   14

Fer (Tireurs de). Les Tireurs de fer ſont ceux qui tirent le fil de fer fin à la bobine. 19

Filiere. Bande de fer plat chargée de potin ou fonte de fer, & percée de trous par leſquels on fait paſſer le fil.   16

Forgis. Les Forgis ſont des barres de fer qu'on a travaillés ſous le martinet pour les arrondir & les mettre de groſſeur à paſſer par les trous de la filiere de la premiere bûche.   4

Frisé. Fer friſé; c'est celui qui a la ſuperficie inégale, & ce défaut arrive quand on le paſſe par des trous trop fins.   16

H

Hape de chaînon. C'est un maillon du chaînon.   12

J

Jauge, ou compas d'épaiſſeur. Morceau de fil de fer plié en zigzag, qui ſert à meſurer la groſſeur des différents fils de fer, parce qu'entre chaque pli du fil, on laiſſe des eſpaces plus ou moins grands, de ſorte qu'on peut meſurer autant de différents fils qu'il y a de plis.   15

L

Lanterne. C'est une eſpece de dévidoir formé par pluſieurs fuſeaux. On met ſur la lanterne le fil qu'on veut faire paſſer par la filiere.   20

M

Manicordion. C'est ainſi qu'on nomme le fil de fer très-fin qui ſert pour les instruments de muſique.   1, 21

Mauture. On appelle ainſi un fil de fer qui a été chauffé inégalement, & qui a été brûlé en quelques endroits.   16

N

Nille. Petit tuyau de bois dans lequel entre la branche d'une manivelle pour empêcher que ce fer en tournant dans la main ne la bleſſe.   20

Noir ployant. Ce ſont des taches brunes tirant ſur le noir qui indiquent que le fer est ductile.   17

P

Passe-perle. On nomme ainſi le fil de fer de l'échantillon le plus fin, ſans doute à cauſe qu'on s'en ſert pour enfiler les colliers de perles.

Pertuis. On nomme ainſi les trous de la filiere : la partie la plus étroite du pertuis s'appelle *l'œil*, & la plus large est l'évaſement ou plus généralement *le pertuis*.   16

Pierre. On dit qu'il ſe forme des pierres, lorſque le fil demeure creux & qu'il ſe déboucle. 16. Voyez *Déboucler*.

Porte. C'est une petite boucle de fer où l'on attache le bout du fil de fer; enſuite on fait tourner la bobine.   20

Potin. Les Faiſeurs de filieres appellent ainſi les fragments de vieille marmite de fer fondu.   23, 26

Q

Queue de Canard.   17

Queue de Renard. On dit qu'il ſe forme des queues de Renard quand, en paſſant le fil par un trou trop fin de la filiere, il perd plus de ſa groſſeur que ne l'exige le trou. 14, 17 Voyez *Canard*.

R

Renard (queue de).   14, 17

Roulage (, fer de roulage) c'est un gros fil de fer qui ayant paſſé par trois trous de la filiere, est roulé en écheveau par celui qui le reçoit.   7, 12

T

Tirer a la bûche.   23

Tireurs a la bobine. 2. Voyez *Bobine*.

Tireurs de fer.   19

Tréfilerie. Attelier où l'on tire le fer forgis par la filiere pour le réduire en fil de différentes groſſeurs.   1, 2, 8

Tréfileur. 2, 7. Voyez *Tréfilerie*.

Tuile. Planche de bois fort unie qu'on poſe ſur la bûche, & ſur laquelle coulent les tenailles. Elle doit être plus inclinée que la bûche.   10, 18

FIN DE L'ART DE RÉDUIRE LE FER EN FIL.

De l'Imprimerie de L. F. DELATOUR. 1768.

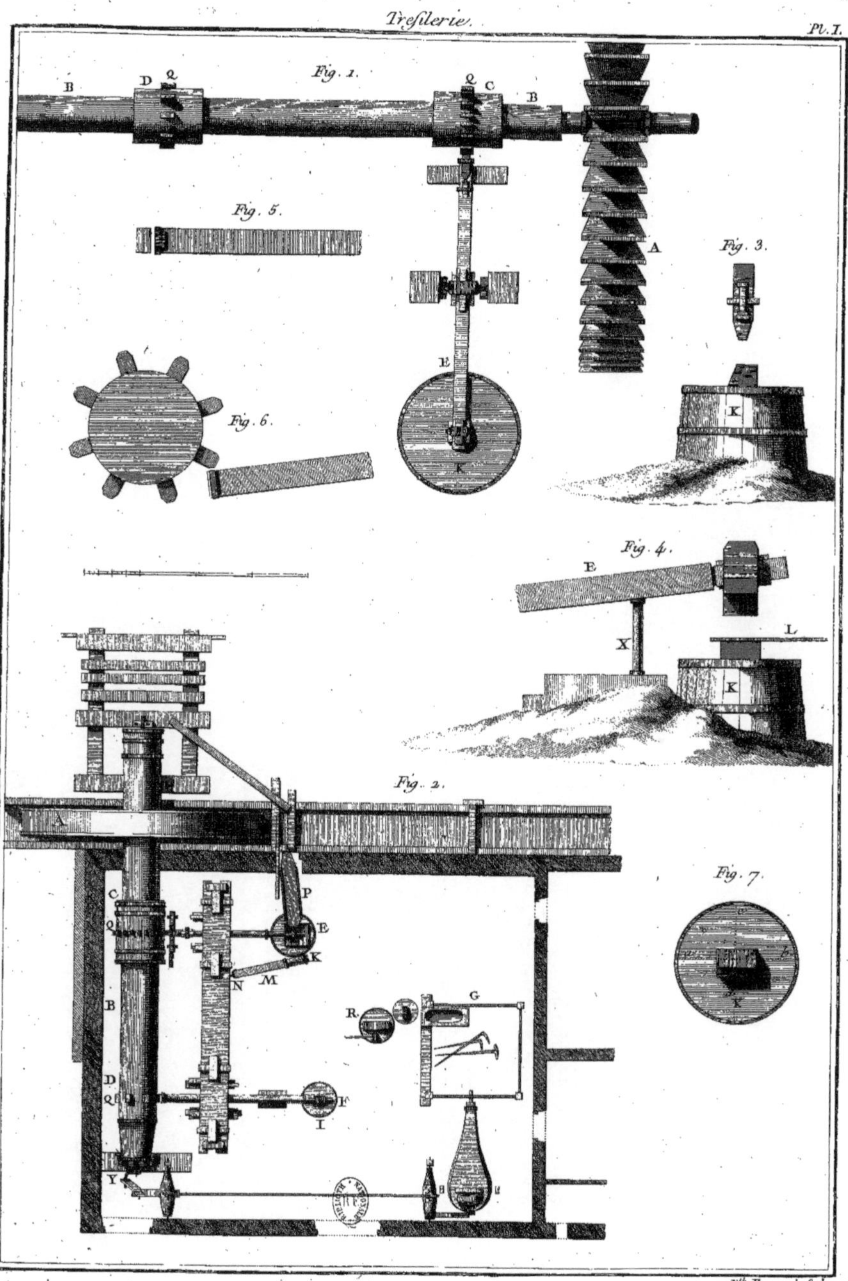

Treflerie.
Pl. I.
Fig. 1.
Fig. 2.
Fig. 3.
Fig. 4.
Fig. 5.
Fig. 6.
Fig. 7.
Haussard Sculp.

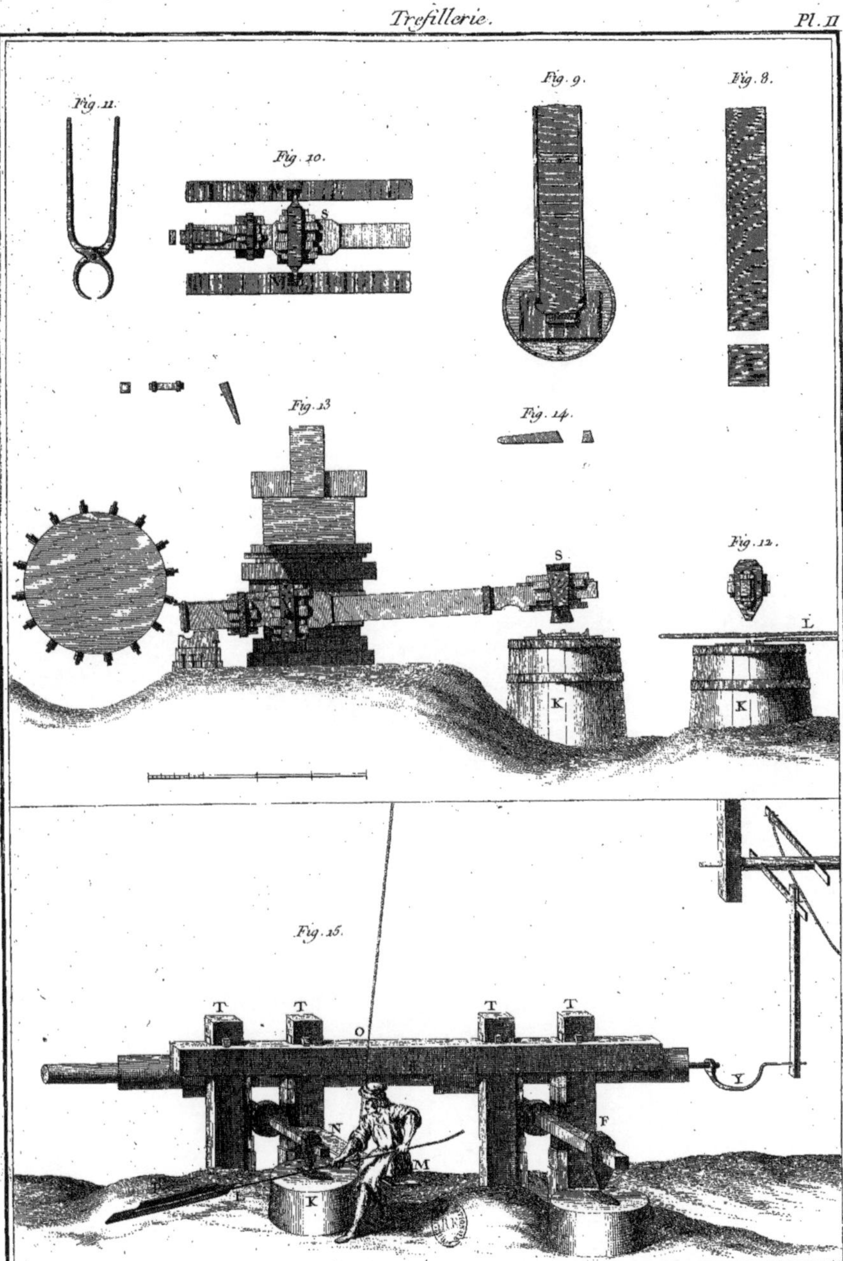

Pl. II
Fig. 11.
Fig. 10.
Fig. 9.
Fig. 8.
S
Fig. 13
Fig. 14.
Fig. 12.
S
L
K
K
Fig. 15.
T
T
T
T
O
Y
N
F
M
K

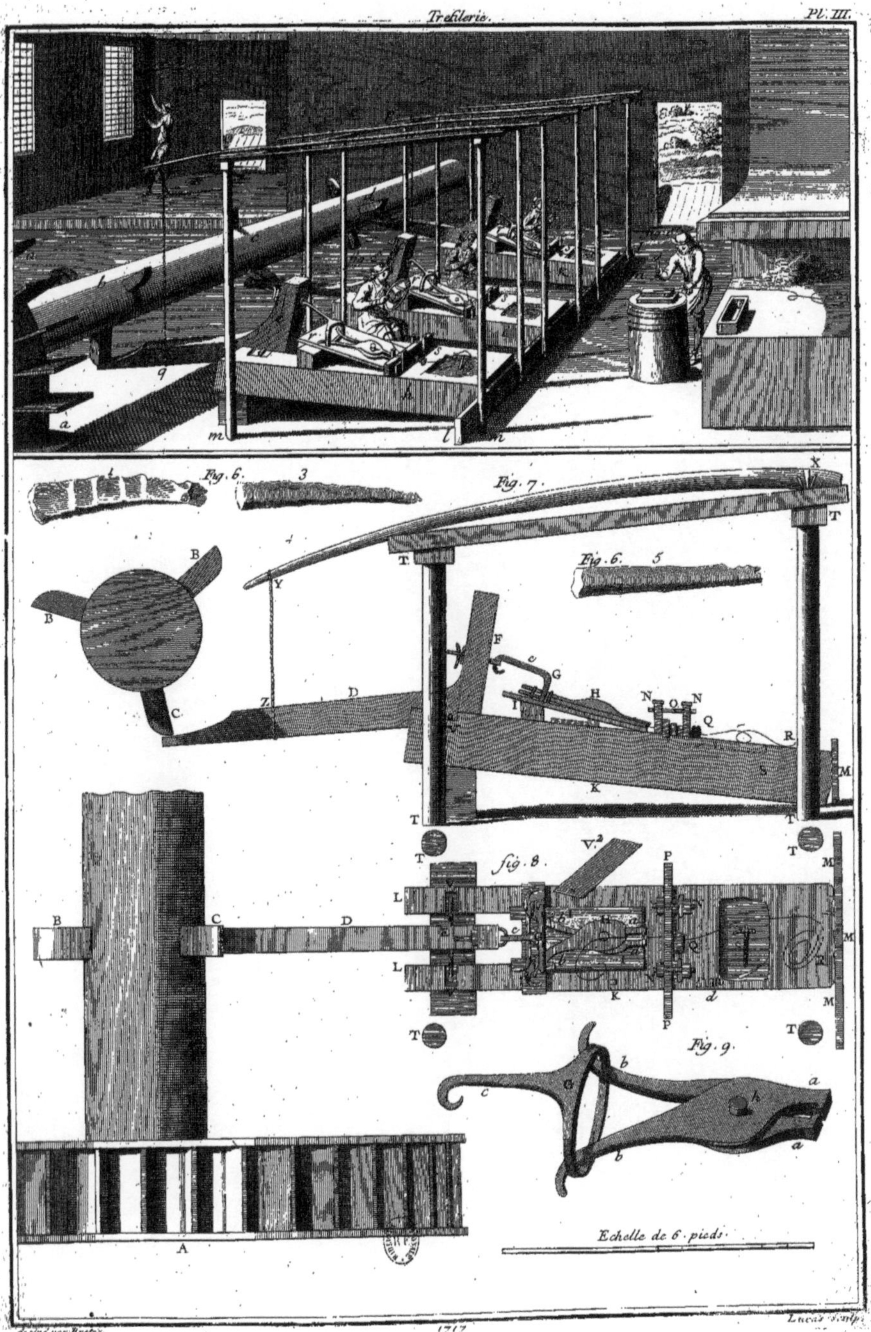

1717

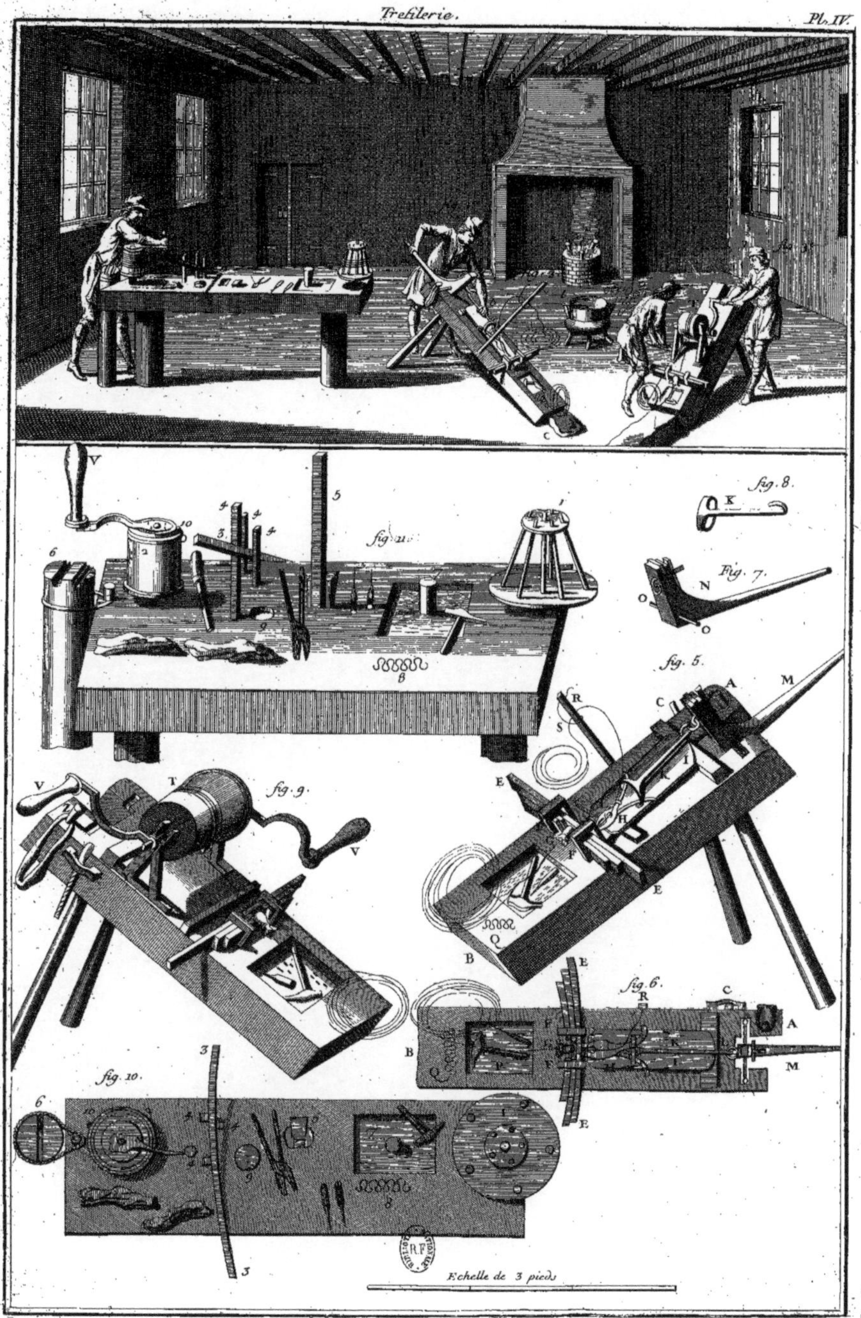

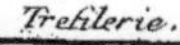

Chaufourier

Lucas sculpsit.

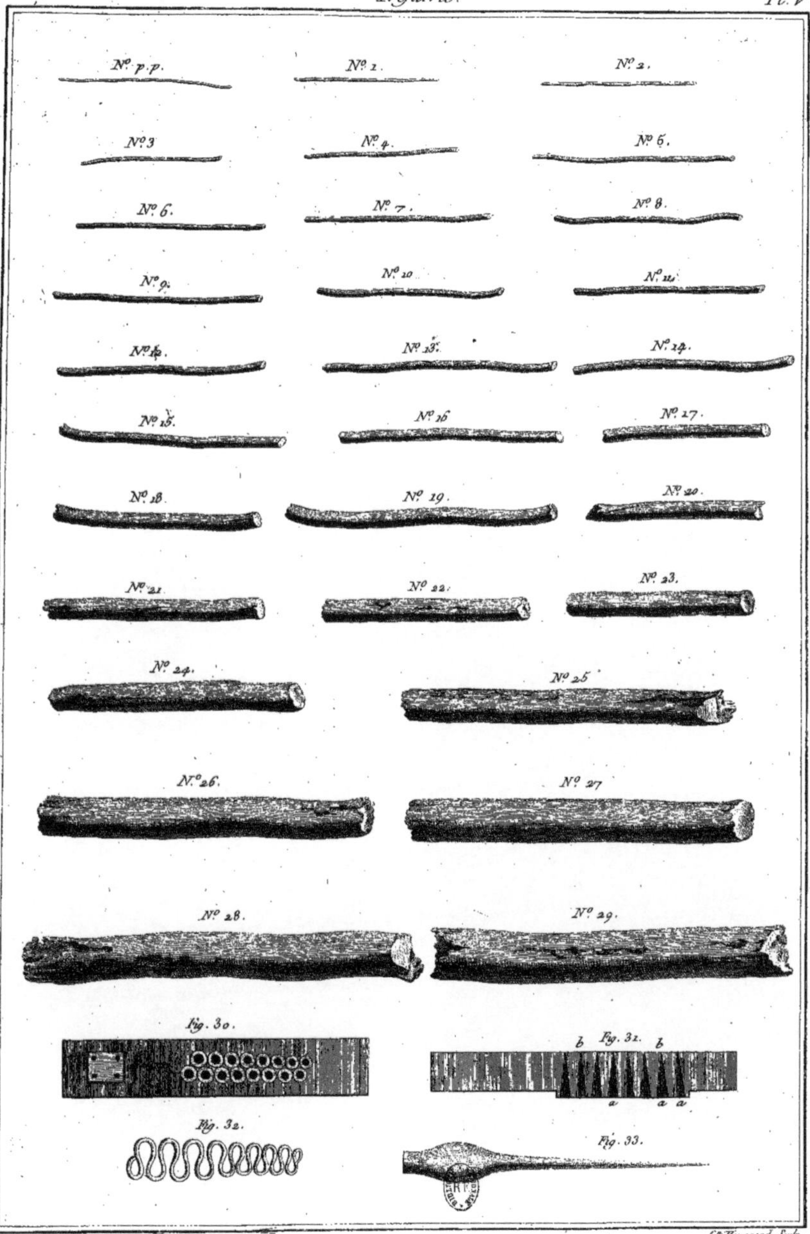

N.º p.p.
N.º 1.
N.º 2.
N.º 3.
N.º 4.
N.º 5.
N.º 6.
N.º 7.
N.º 8.
N.º 9.
N.º 10.
N.º 11.
N.º 12.
N.º 13.
N.º 14.
N.º 15.
N.º 16.
N.º 17.
N.º 18.
N.º 19.
N.º 20.
N.º 21.
N.º 22.
N.º 23.
N.º 24.
N.º 25.
N.º 26.
N.º 27.
N.º 28.
N.º 29.
Fig. 30.
Fig. 31.
b
b
a
a a
Fig. 32.
Fig. 33.